环境艺术系列④

商铺风水

SHANG PU FENG SHUI

邓文通/顾问

陕西旅游出版社

序

风水，现代人称之为自然科学，它是包含了地球物理学、地球磁场学、水文地质学、环境景观学、建筑学、宇宙星体学和医学人体学的一门综合学科。商铺风水与商铺经营者的决策、生意好坏有很大关系。重视商铺风水的关键是审慎周密地考察、了解自然环境，顺应自然，有节制地利用和改造自然，创造良好的生存与经商环境，赢得最佳的天时、地利与人和，达到商业经营的至善境界，从而追求商业经营的最大利润。

本书着重从商铺风水概述、商铺风水选址、商铺室外装饰风水、商铺室内装饰风水、商铺旺财绝招等方面入手，结合商铺好风水实例，全面阐述了商铺经营过程中应注意的各类与风水有关的事项。对上述风水知识以图文并茂的方式作了精要的讲解，对一些风水不佳的商铺更是给出了诸多调整意见和建议，以期科学正确地引导读者合理采纳风水的观念，科学地选择、布置、装修商铺，为您经营商铺提供有效的参考，助您赢得事业的成功。

第一章　商铺风水概述

第二章　商铺风水选址

第三章 商铺室外装饰风水

第四章 商铺室内装饰风水

第五章 商铺旺财绝招

第六章 商铺好风水案例解析

第一章 商铺风水概述

现代风水学的内涵和使命之一，就是要将传统风水学朴素的科学知识与现代地球物理学知识相互结合，从而探研出一些看似神秘、玄奥现象的规律性，并得出令人信服的科学的解释。本章节旨在以浅显的文字介绍一些与商铺风水相关的常识，从而引导大家正确认识商铺风水、利用商铺风水，达到旺铺之目的。

一、商铺风水基础

1. 气

气，通常是指一种极细微的物质，是构成世界万物的本原。商铺风水学借用了气作为全部理论的核心与活动的准则。

气在古代是一个很抽象的概念。唯心论者认为它是客观精神的派生物，唯物论者认为它是构成世界本原的元素。先哲普遍认为，气无处不存在，气构成万物，气不断运动变化。《老子》云："万物负阴而抱阳，冲气以为和。"宋张载在《正蒙·太和》云："太虚无形，气之本体，其聚其散，变化之客形尔。"

气是商铺风水学中一个很普通、很重要的概念。有阳气、阴气、土气、地气、生气、死气、气母、气脉、聚气、纳气、乘气等。气是万物之源，气变化无穷，气决定人的祸福。人要避死气、乘生气，就得请风水师"理气"。"理气"是十分复杂的，要结合阴阳五行，实地考得"旺象"，才能得到"生气"，有了"生气"就能富贵。

商铺风水学以气为本源，它分化出阴阳（两仪），又分出金、木、水、火、土五种物质（五行），这些物质的盛衰消长都有一定的规律，掌握了这些规律，并利用他们来选择商铺的地址、改善商铺的内外装修，并以之为经营参考，就能求得生意兴隆、财源广进。

2. 阴阳

阴阳也是一个中国远古的哲学命题，既简明而又复杂，是古人观察天地自然与人文世界的概率，是古人推衍万物产生与变化的基点。这个古老的观念，其形成来自古人对日月天象的观察与认识。

我们都知道，天与地、日与夜、光与暗、正与负、阴与阳等，它们完全相反，但又相互联系。《易经》云："天地交感，而万物化生。"即指阴阳二气掌管着万物的不断发展变化。因此，宇宙是由阴阳二种相反的气相辅而成，由阴阳的共同工作而产生所有的生命。这种阴阳法则，可适用于自然界所有的现象。

人求精神气爽，故商铺也必须取得阴阳调和，力求平衡。商铺风水学中，有许多改善人与环境之关系的做法，其实质就是要恢复整个商铺环境的阴阳平衡，也就是使商铺内外环境阴阳调和。具体来说，商铺环境之阴阳调和较为理想之分配比例，应以阴四阳六为合（阳为十分之六，而阴为十分之四），阳比阴多为宜。

人要适从于阴阳，不得违背阴阳。南为阳，北为阴；故商铺朝南为阳，有吉。在商铺风水学中，还将商铺建筑定为阴，将经营商铺的人定为阳。这样，长时期工作在商铺里的人，便会在不知不觉中与商铺形成阴阳平衡的关系。

3.八卦

八卦，神秘的符号，古人用以演绎万物，预测吉凶和未来。八卦的内容精深而博大，八卦的演绎，启示了天地万物生存与发展的变化原理，劝勉了短暂的人生应当自强不息。

八卦是由阴阳派生出来。《易・系辞》：“易有太极，是生两仪，两仪生四象，四象生八卦。”

四象即太阳、太阴、少阴、少阳。八卦分别是乾、坤、震、离、坎、艮、兑、巽。它们代表许多自然现象，乾为天，坤为地，震为雷，巽为风，坎为水，离为火，艮为山，兑为泽。以之推衍。乾又可以作为君、宗、门、首、德等；坤又可以作为臣、城邑、田、宅、陆等；震又可作为主、坦道、蕃、左；巽为女、风俗、床；坎为江河、大川、渊、井、寒泉；离为户、牢狱、灶；艮为石、庙、宫室、穴；兑为妹、右、西等。

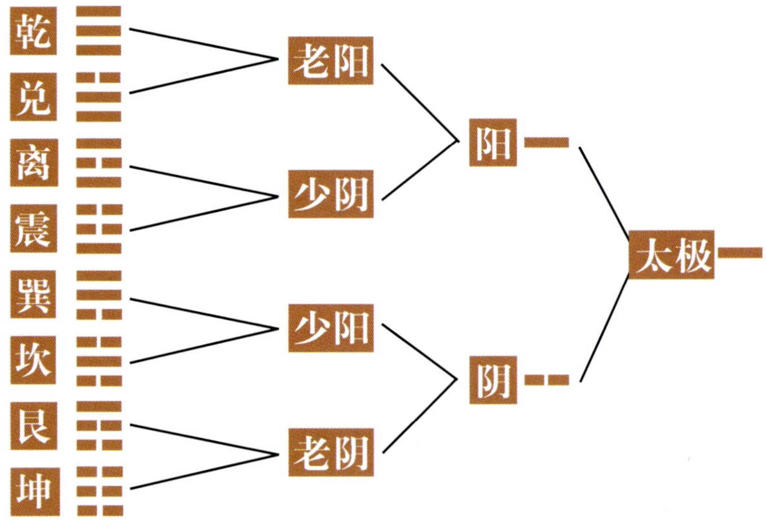

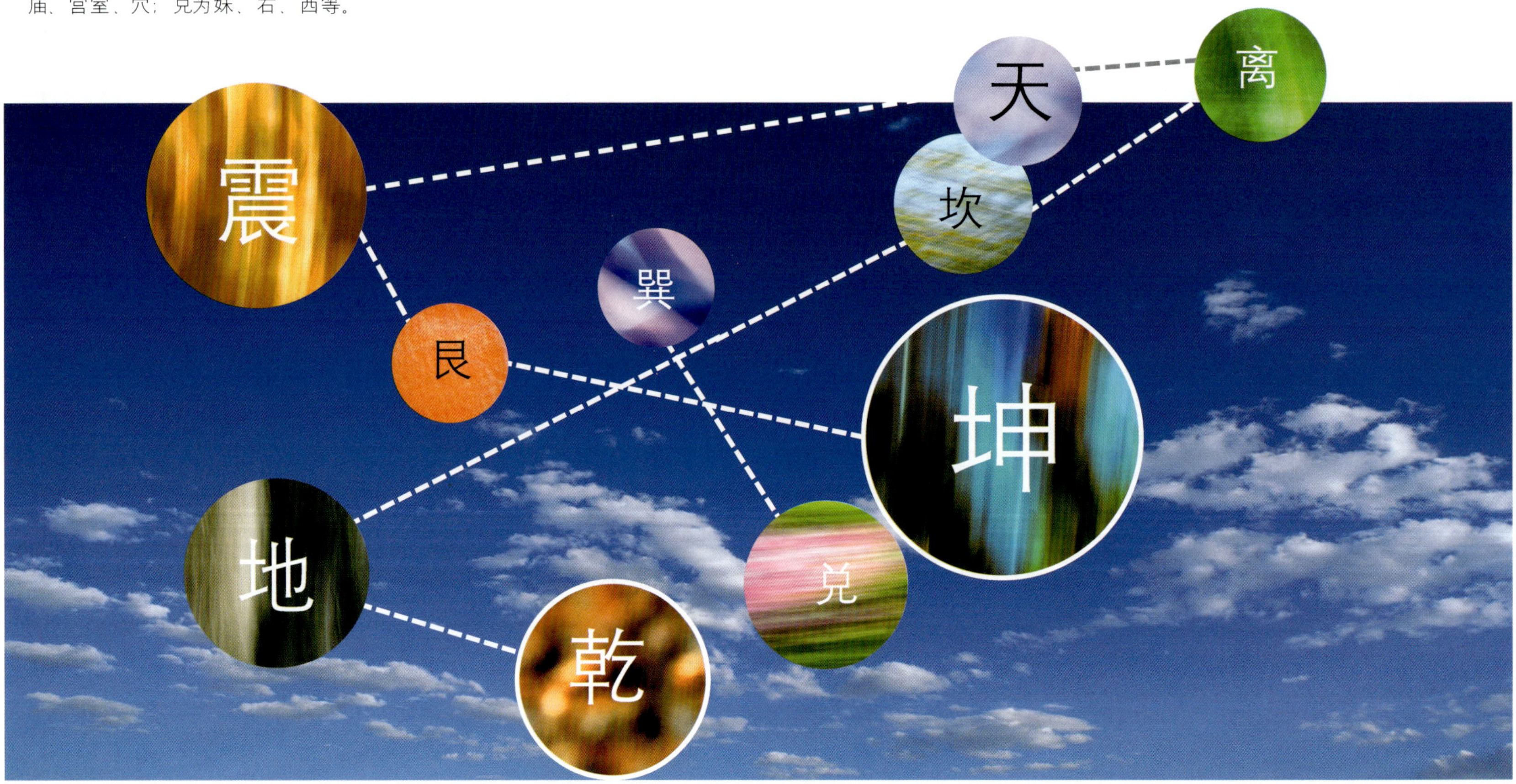

4.五行

五行，神秘而又玄妙的古老哲学概念。金、木、水、火、土，五种物质，揭示万物的生与死。人们以五行为生活之源，也以五行作为一种信念的寄托。

商铺风水学认为，相地奥妙，尽在五行之中。山川形势有直有曲，有方有圆，有阔有狭，各具五行。概其要，惟测其气验其质而已。质以气成，气行质中。地理千变万化，关键在五行之气。五行即金、木、水、火、土。

（1）相生规律："生"，含有资生、助长的意义。在五行之中，相互促进、相互依存的关系就称为"相生"。

五行相生的规律是：水生木，木生火，火生土，土生金，金生水，如此循环，生生不息，无有终时。它们彼此间的关系，也可以理解为一种推动发展的作用。

在五行相生中，任何一行都具有生我、我生两方面的联系，也就是母子关系，以水为例：生我者"金"，则金为水之母；我生者为木，则木为水之子，其余类推。

（2）相克的规律："克"，含有制、胜的意义。在五行之中，相互制约、相互克服的关系就称为"相克"。

五行相克的规律为：木克土，土克水，水克火，火克金，金克木，如此相互制约，循环不已，无有终时。在正常情况下的相克，也是一种维持平衡的力量。

在五行相克中，任何一行都有克我，我克的联系，也就是"所胜"和"所不胜"的关系，以木为例：克我者为金，我克者为土，那么，土就是木之"所胜"，金就是木之"所不胜"。其余类推。

五行归类系统表

五行	金	木	水	火	土
方向	东	南	西	北	中
时序	春	夏	长夏	秋	冬
五气	风	暑	湿	燥	寒
生化过程	生	长	化	收	藏
脏	肝	心	脾	肺	肾
腑	胆	小肠	胃	肠	膀胱
窍	目	舌	耳	鼻	口
体	筋	脉	肉	皮毛	骨
志	怒	喜	思	忧	恐
色	青	赤	黄	白	黑
味	酸	苦	甘	辛	咸
音	角	征	宫	商	羽
声	呼	笑	歌	哭	呻

五行相生相克图

二、商铺风水原则

1.整体系统原则

商铺风水学把商铺环境作为一个整体系统，这个系统以人为中心，包括天地万物。商铺环境中每一个子系统都是相互联系、相互制约、相互依存、相互对立、相互转化的要素。商铺风水学就是要宏观地把握、协调各系统之间的关系，优化商业结构，寻求最佳组合。

2.因地制宜原则

因地制宜，即根据商铺环境的客观性，采取适宜于自然的商业经营方式。

中国地域辽阔，气候差异很大，商业经营方式随地域、气候而不同。根据实际情况，采取切实有效的方法，使人与商业经营相适宜，使商业经营与商业环境相适宜，尊重商业发展规律，返朴归真，天人合一，这正是商铺风水学的真谛所在。

3.观形察势原则

商铺风水学主张把商铺小环境放入社会、自然大环境考察。千尺为势，百尺为形，势是远景，形是近观。势是形之崇，形是势之积。有势然后有形，有形然后知势，势位于外，形在于内。势如城郭墙恒，形似楼台门第。势是起伏的群峰，形是单座的山头。

从大环境观察小环境，便可知道小环境受到的外界制约和影响，诸如水源、气候、物产、国家商业政策等。任何一个商铺经营的好坏，都是由大环境所决定的。只有形势完美，商铺才能获利。大处着眼，小处着手，必先后顾之忧，而后富乃大。

4.适中居中原则

适中，就是恰到好处，不偏不倚，不大不小，不高不低，尽可能优化，接近至善至美。

商铺风水学主张山脉、水流、朝向都要与商铺位置和经营方式谐调，商铺的大与小也要与市场需求谐调，商铺大客源少，不吉；商铺小客源多，不吉；商铺大门小，不吉。适中的原则还要求突出中心，布局整齐，商铺室内装饰和附加设施都要紧紧围绕经营重点展开。

5.顺乘生气原则

商铺风水学认为，气是万物之源。太极即气，一气积而生两仪，一生三而五行具，土得之于气，水得之于气，人得之于气，气感而应，万物莫不得于气。

商铺风水学提倡在有生气的地方开设商铺，这叫做乘生气。只有得到生气的滋润，植物才会欣欣向荣，人类才能健康长寿，商铺才能财源茂盛。商铺风水学认为，商铺的大门为气口，此处生机勃勃、人流不绝，即为得气，这样便于交流，可以得到信息，又可以反馈信息。如果把商铺大门设在闭塞的一方，谓之不得气。得气有助于空气流通和信息交流，对商铺经营者和顾客都有好处。

三、风水对商铺的影响与商铺风水调整

1.风水对商铺的影响

我们生活的这个世界上，会受到天、地、震、巽、离、坤、兑、乾、坎、艮十种气场的影响，这些气场又在山脉、河流、道路、建筑、装潢、颜色等环境因素的影响下，发生增强、减弱、弯曲、变形等各种情况。同样，一个商铺门店也都有它的环境命运，那就是风水对它的影响。同一个人开的几个商铺门店，风水不一样，盈亏结果也就不一样。商铺门店风水直接影响人的财运，也就是说，人要改变命运，其中首要一点就是要找一个风水好的地方，其次再来考虑调整和改变风水，这是必不可少的，我们不可忽视风水对财运命理的影响。

首先，商铺风水要讲究的是，命铺相配，即老板的命格要与商铺的五行相辅。其次是业铺相配，即你在商铺中所从事的行业之五行要与商铺之五行相配。此外，还有命业相配，即命运之五行要与你所从事的行业之五行相配。如果以上几点均能相配的话，那么你已经有60%的胜算了，而剩下40%则是努力和诚心了。

风水讲究有风有水，有水才有生命，有风才能播种，做生意的环境一定要让人感觉舒服，从善如流，气生财，需要与环境相适应。如果风水不适应自然，就要改变去把握好的风水，才是生意成功的要件。

商人身处急促变化的环境之中，对每项重大的商业决策都感受到压力，传统的占卜结合现代天文经济占星学问，可揭示未来决定的吉凶结果，从而减轻商人的压力。风水讲究的是一种环境观，讲究人与建筑、环境的关系。

2. 商铺风水调整

商铺风水学作为周易科学的分支，其理论基础就是八卦和阴阳五行。我们的祖先仰观俯查，远取诸物，近取诸身，发明了八卦。卦虽为八，却包罗万象。五行平和则祥瑞生，五行交战则不吉。完全符合要求的商铺风水是不多的。商铺风水调整的目的就是针对商铺的具体情况，利用科学的化解方法进行综合调整，最大限度地化解商铺的先天缺陷，化不利为有利，使商铺经营者不仅能享受到商业环境的舒适，更能享受到商运昌和、事业旺盛的喜悦。本书后面章节给出了许多商铺风水调整的建议和意见，在此不做赘述。

Street Restaurant
SEPTWOLVES
SEPTWOLVES
SEPTWOLVES
七匹狼
七匹狼

第二章 商铺风水选址

商铺的风水选址，主要在于选择一个能保证商家精力旺盛、招迎顾客、利于买卖、能让生意兴隆的好环境。选择经商的店址，民间俗称“选码头”。“码头”位置的好坏，与经营生意的好坏有很大关系。

因此，商铺位置的选择，对经商者来说十分重要。

一、商铺选址三原则

1.取繁华避偏僻

在市镇上，人流穿行密集的地方就是繁华的地段。

按照风水的说法，有人就有生气，人愈多生气就愈旺，有生气就能带来生意的兴隆。

从经济学角度说，市镇上的繁华地段就是商品交易最活跃最频繁的地方，人们聚集而来，很大程度上就是为了选购商品。

将商铺选择在市镇繁华的地段开业，就可以将自己的商品主动迎向顾问，商品能招引顾客，就能起到促销的作用，将生意做红火。

相反，如若将商铺开设在偏僻地段，就等于回避顾客。商铺开张经营，而顾客很少光顾，就会使商铺冷冷清清，甚至门可罗雀。按照风水的说法，人代表生气，没有人光顾商铺，商铺就缺少生气。生气少，就是阴气生。商铺的生意不景气和萧条，就是阴气过盛。一个商铺的阴气过盛，不仅是生意亏本，严重的还会损伤店主的元气，致使商铺破产。

在我国的大多数城镇，繁华的地段往往都是集中在T字型和Y字型的路口处，如果选择在此开店，就会如同住宅一样，受到来自大道的煞气冲击；若不在此开店，又避开了有利于发财的生气。在这样的情况下，风水有一种“制煞”的方法。

一是要求在开设T字型和Y字型路口的商铺前，加建一个围屏、围障，或将商铺门的入口改由侧进，以挡住和避开迎大路而来的风尘。

二是在店前栽种树木和花草，以增加店前的生气和消除尘埃。

三是尽管采用了以上的方法对商铺门前的生气与煞气进行了调整，但在此路段经营商务，还是风尘很大，因此，还要注意多在门前洒水消尘，以保持店前空气的清新；还要勤于清扫店前的卫生和擦洗店面的门窗，以清除沉积的尘土。

总之，在T字型和Y字型路口处经商，均要保持店内外的干净清洁，特别是经营要求讲究卫生清洁的饮食、水果、百货类的生意尤为重要，如果是让风尘玷污了食品、水果和衣物，就有可能是因为商品不净而无人问津，或者是因为卫生问题被吊销经营执照，或者是因食物和衣物的不净与顾客引起争论，等等，都有可能导致所经营生意的破败。

对于店面狭窄，或者受遮挡的商铺，改造的对策有四点，一是努力拆除店前的遮挡物，使店面显露出来；二是如果店面狭窄无法改变，就把店牌加大高悬起来，使较远的地方抬头就能看到；三是通过电视、电台、报纸、广告牌等媒介，广泛地进行介绍宣传，尽量做到使顾客知道商铺的地址、经营的商品，以及商品服务的特点；四是积极参加各种社会福利赞助活动，以扩大商铺的知名度。

2. 取开阔避狭窄

风水师在选择宅址时，讲求屋前开阔，能接纳八方生气，这与经商讲究广纳四方来客契合。

接照这一原则，选择商铺的地址时，也应考虑商铺正前方是否开阔，要求不能有任何遮挡物，比如围墙、电线杆、广告牌和过大遮眼的树木，等等。

商铺门前开阔，可以使商铺面向四方，不仅视野广阔，也使处在较远的顾客和行人都可看到铺面，这种信息的传递，叫做气的流动，有了气的流动，就会生机勃勃。从经商的角度说，顾客和行人接受到了商铺的商品信息，就可以前来选购。

在商品经营活动中，可以说，没有商品信息的传递，就没有顾客，没有顾客就没有生意。如今商品广告的盛行，就是看中了在商品经营活动中，商品信息传递的重要性。

利用商铺作为商品交易的场所，是一种有固定经营位置的经营活动，这种经营缺乏一定的灵活性。因此，商铺的经营要使顾客上门，门面的显露和引人注目是最基本的。商铺门前有顾客，就有了生气。顾客愈多，生气愈旺，其结果就是生意愈好。

选择在一个狭窄的地方开商铺，或者是店前有种种遮掩物，亦不利于商品的经营。店面狭窄，或是将商品经营活动局限在小地域和小范围之内进行，这种有限的经营空间，不可能指望有大的经济收益，应该搬迁或改造。

风水 小贴士

在街市上，常可看到一些利用原有沿街房改建而成的商铺。这种店铺的房屋原先大多是作为住宅使用的，大门上方往往没有伸出来挡风遮雨的东西。这样商铺门虽然开向了顾客，但不利于顾客的出入。应在大门的上方搭出一个阳篷。有了这样一个阳篷，在夏季可避免店铺受烈日的暴晒，也可使顾客在商铺门前有一个站歇的地方；在雨季，又可避免商铺被雨打湿，也可为顾客在商铺门前准备一块避雨之地。

3.取南向避东北向

风水在选择阳宅的基址时，力求坐北朝南，其目的是为了避免夏季的暴风雨和冬季的寒风。经商地址的选择，也同样需要考虑避日晒和寒风。那么，最佳的取向则是坐北朝南，即取南向。

作为经商性质使用的商铺，在进行经营活动时需要把门全部打开。如果店门是朝东西开，那么，夏季火辣辣的阳光就会从早晨照射到傍晚，风水将此视为煞气。这一股煞气对商铺的经营活动是不利的。煞气进入店内首先受到干扰的是店员。店员在烈日的暴晒之下，口干舌燥，眼冒金星，全身大汗，很难维持良好的工作情绪。处在这样境况下的店员，必定心火烦躁，因而也就势必对经商者视为〝上帝〞的顾客简单应付，甚至粗暴对待。如此这般，当然也就谈不上做买卖了。

受到煞气干扰的，第二就是商品。商品在烈日的暴晒之下，容易变脆发黄，严重的还会影响商品的质量。如果商品存放不久即能卖掉，其影响还不大，倘若商品是久销不动，就非报废不可，结果是直接影响到生意的收入。

受到煞气干扰的，第三就是顾客。商铺在烈日之下热气逼人，对顾客来说，不到迫不得已是不会登门的。商铺没有了顾客，煞气就显得更重。煞气变死气，此店就不行了。

如果商铺朝北方，冬季来临也是不堪设想。不管是刮东北风，还是刮西北方，都会朝着门户大开的商铺里钻。风水也视寒气为一种煞气，寒气过重，对人、对经商活动均不利。即使店品的流动速度减慢，造成商品销售减少。

然而，商铺选择坐北朝南，即取南向，就可避免少受朝东西向和西北向所带来的一切季节性的麻烦和不利，其生意就有可能比前二者更好。如果是迫不得已，商铺非要选在朝东西向和西北向的地址，就要采取措施来制止住夏冬两季所带来的煞气。在夏季，可在店前撑遮阳伞、挂遮阳帘、搭遮阳篷，等等，以避免烈日的直接暴晒。在冬季，则需要给商铺挂保暖门帘，在店内安装暖气设备，使店内温度回升，造就一个适应人们进行正常经营活动的环境。这种调谐寒暑的办法，风水就叫做“阴阳相克”，或曰“五行相胜”。

选择经商地址，考虑的因素还很多。比如有人考虑选择一个带有吉祥意义的街名，或者是选择一个认为能给自己带来好运的门牌号码等，来作为商铺的地址。这样的选择，除了能给经商者和顾客在心理上以某种安慰作用之外，还具有吉祥生旺的意义。

二、道路形态与商铺风水

1. 三叉路

按风水来说，一般都不喜见三叉路，因为三叉路有使商运不平稳的影响力，若三叉路中一条路冲着商铺，会令家人的健康急剧衰退或易生争执是非等。

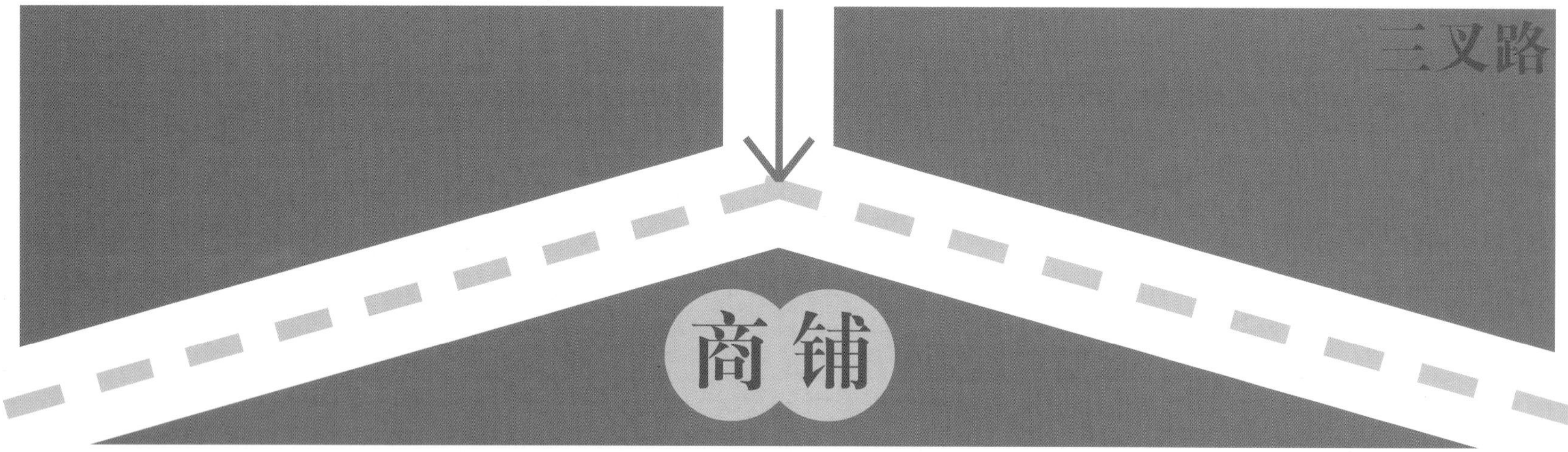

2. 十字路

十字路，是指一条横路加一条直路，两者相交，便成为十字。

商厦贴近十字路，风水好与不好，比较难下判断。因道路有来有往，吉凶要视其配合，一般来说，在排出星盘之后，再观十字路在吉方或凶方，合不合本命，则较能准确分析。

3.反弓或抱身路

当商业大厦或商铺门前同时出现反弓及抱身的路，实为一种财来财去的现象，一方面收入十分丰厚，但商铺中大数目的开支亦会令自己失去预算，所谓是“有钱赚而无钱剩”。如遇此等问题，可于门前挂一块镜子来化解。

4.T字路

商业大厦或商铺向着T字路的，一般已犯了路冲。向着T字路的路尾，前方有横路，继而冲路。这T字路，必须自己商铺是独立的才出现这种情况。向着T字路的路头，则前方直路冲来，近商铺处才出现一条横路栏截。

如逢商铺向T字路，一定要看这路在商铺的吉方还是凶方，有经云：“冲起乐宫无价宝，囚宫冲起化为灰。”

5. 天风煞

无论是住宅或商铺，都忌犯〝天风煞〞，何为〝天风煞〞呢？即是指自己的住宅或商铺迎面向着两座大厦中间的缝隙，风经这道隙吹来便形成天风煞（又名天斩煞），意指天风之煞气如无形的刀斩来，主财运反复。假设商铺真的犯天风煞，可以挂一六帝古钱化解。这六帝钱是由清朝六个旺朝所铸制的（分别是顺治、康熙、雍正、乾隆、嘉庆、道光），用来化煞必须用真古钱方为有效，仿造的视为无效。

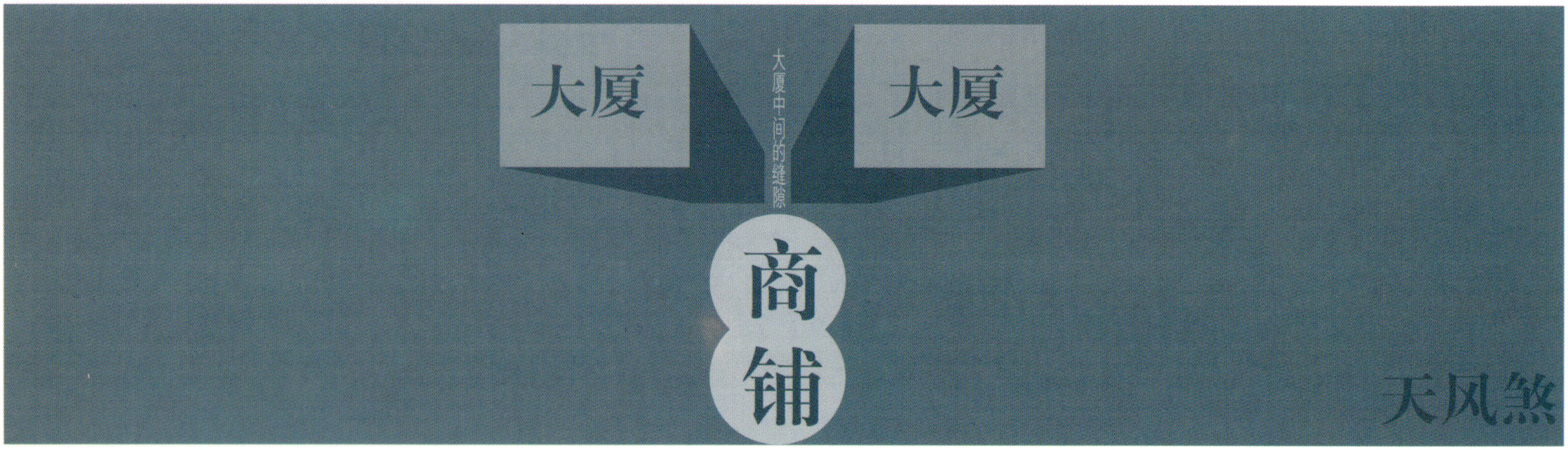

6. 水龙反走局

水在风水中的重要位置是不容忽视的，所谓〝水管财禄山人丁〞。做生意最要紧的就是财旺，财弱则商铺很容易倒闭。

〝水走〞即指水向前方流走的意思，从自己的商铺门前看见有一条马路，近商铺的一方较高，然后一直向前方低下去，便是〝水龙反走〞局。就算T字路，也可断其财运不佳。所以在营商之前，逢〝水龙反走〞不宜选择开商铺。

7.赶丁棒

如在商铺门或窗前有一电灯柱，抑或大型灯箱牌，便主门外犯赶丁煞，代表职员工作做不长，很快便离开，就算多招一些职员回来，也会很快离职，留不住人才。所以在选择布局时，应留意这一点。

8.直路空亡

大门风水重要的一条，就是不可有路冲，风水上称〝直路空亡〞，是指大门正对一条大路，表退财。古代都是平房，正对着直路的房子易受往来车辆事故，属于大凶格局。但现代大楼对着大路，二楼以上房子应不会受往来车辆的影响，但是，若从依气场的角度来看，正对着路的大楼都易受气场直冲，无形中使大楼内的人身体衰弱、精神恍惚，以致影响事业，当然会每况愈下。

9.剪刀路

岔路也就是说一出门就看到两岔路冲入门内，风水术说是〝剪刀路〞，交叉的气场会影响商铺管理者的决策和判断，正常情况应面对横过的路。

10.面对死巷

大门不可面对死巷，否则气流会受阻，不顺畅，会聚积浊气，对健康有不良影响，且事业上象征没有出路，封闭性，影响心理，致事业没发展。

三、不同地域之商铺风水

1. 接近天桥口商铺的风水

在人口稠密的大城市，天桥与隧道的建设都是不可避免的，而这一类疏导交通的建筑，以天桥风水影响最为直接。

从风水角度而论，阳宅以动为主，动则属水，天桥便等于水了，天桥口的商铺便如水口位，可以接水，经云："山管人丁水管财"，所以财运确实比一般位置的商铺要好。

不过，大家在选择商铺时还要计算，这等水口位确实较其他商铺财运要旺、要强，但若租金与其他商铺相差太远，那亦不实际。另外，水口位的商铺，除了最接近的第一家可作为首选外，在水口位附近的商铺也可作次选，大家选择的时候亦可考虑。

很多商厦或商铺都会向着天桥，而天桥对商铺造成什么样的影响，便要视商铺的高度而定。

低过天桥的商铺，营业、赚钱较困难；与天桥平行的商铺，天桥抱身则微有利润，反弓则破财；高过天桥的商铺，天桥抱身则旺财，反弓则破财。

所以向着天桥的商铺，大都风水较差，因为天桥大多高过商铺。

至于商业大厦，公司居于较高层的位置，一般都较为有利。因为低层的，不论天桥反弓或抱身，都不以吉论，因都属犯"贴压煞"，所以一般挑楼宇要挑较高一点的楼层，不但犯煞机会少，而财运亦会好些。

2.接近隧道口商铺的风水

位于隧道口的商铺风水又如何呢？由于隧道为向下凹去的地方，亦为引水走之地，所以商铺门口向着隧道，则主不能聚财。

商铺向着行人隧道，已不积财，向着汽车进出的隧道，更加不聚财，在选择时要留意。

但是，行人隧道若是通往地铁站的话，此隧道为疏导聚水局之气，商铺接近之，亦收到此气。水者管财，所以商铺处在通往地铁之隧道或接近之，作吉论，主旺财。

3. 接近大堂商铺的风水

如果商铺铺面迎向大堂，即是聚水局，门向大堂即是收水了，营业会较为理想。

风水小贴士

如果商铺的楼层太低，让人有一种压迫的感觉，属于风水不佳。

本来商铺的高度不低，如果因为要存放货物，在商铺内加建了一个小阁楼，这一来楼层便显得很低，让人产生不适的感觉，亦无形中形成了另一种煞气（压迫也是一种煞气）。所以要加建阁楼存货时，应该设计一下楼层的高度使之没有压迫感，以免制造出压迫煞阻挡了自己的运势。

风水小贴士

店门正对电梯或楼梯，是犯冲，本来店铺商铺是聚气生财之所，如今电梯、楼梯直对，店铺商铺之生气则被其尽数吸去，可谓大忌。补救之法则是进门处要宽阔并悬挂古铜钱吉祥品。

4. 接近天井商铺的风水

现今所见有很多大型商厦的商场部分设计成一个类似天井的造型，二楼以上的数层商场可围绕着栏杆凭栏俯望。从风水来论，不论你的商铺是在二楼也好，还是三楼或四楼也可，只要门前向着一个天井，便谓之聚财铺。因为下方的平台便等于风水上的明堂，明堂便是聚水之堂，所以在挑选商铺时，能够向天井的，总比向着内里的走廊要佳。因为走廊只得窄长的水，亦等于只能够收得那小小的财运。

四、最适合开店的地段

选择商铺位置，需要知道有哪些地段适合开店，这涉及到对商铺开设区域的定性分析。

1.车站附近

火车站、地铁站、长途汽车站附近是往来旅客集中的地区，是适合商铺开业之地。这些地段的特征在于，这里顾客主要是过往乘车的旅客，与上班族和学生有很大不同，他们选购的商品虽然非常广泛，但大多以购买不费时间、容易携带的商品为主。由于人群流动量大，这些地段商业价值较高，尤其适应发展饮食、食品、生活用品等方面的商铺。

2.商业区

商业区地段是居民购物、逛街、休闲的理想场所，也是商铺开业的最佳地点。可是，由于商业区地段场地费用比较高，并非一切商铺理想的开设地点。这些地段费用高，竞争性也强，各行各业争芳斗妍，除了大型综合商铺外，较适合那些有鲜明个性特色的专门经营商铺发展。这一地段的特征是，商业效益好，投资费用相对较大，应有针对性地对顾客提供服务。在节假日顾客多时，切勿关门。可灵活聘用学生打工。

3.公园名胜、影剧院附近

因为是娱乐、旅游地区，顾客的消费需求主要在于吃喝玩乐、休闲娱乐，故适合于饮食、食品、娱乐、生活用品方面的商店发展。但这些地段常有时间性强的特征，高峰时人潮汹涌，低峰时门可罗雀。当然，如果靠近居民区、商业区的话，则另当别论。

4. 工厂、机关、商号集中之地

这些地段是上班族集中之地，其光顾商店的目的不外是果腹或采购日常生活用品、办公用品以及谈生意、聊天。该地段的特征是，午饭与晚饭时间为营业高峰期，周末与节假日的生意清淡。

5. 学生聚集地附近

这些地段处于学校附近，学生去商店的动机主要是购买学习用品、书籍、生活必需品，以及聚会谈天、消遣时光。应针对学生的需要，提供适当的服务和商品。寒暑假期间是生意清淡之际，需要做交通经营。

6. 住宅区地段

这些地段的顾客是住宅区内和住宅区附近的居民，以家庭主妇为主，节假日和下班时间则包括家庭其他成员。这些地段的特征是，有关家庭生活的商品消费力强，尤以日常用品消费量最大，凡能给家庭生活提供独特服务的商店，都能获得较好的发展。

CENTREPOINT
Target.
Target.
PULTENEY ST.
Target.
Target.
SUNDAY
CAR PARKING
ALL DAY
$3.10

TEMT
Valleygirl

风水小贴士

商铺在选址时，应遵循以下几点：

⊙切莫选择低洼之地；

⊙切莫选择前高后低之地；

⊙切莫选择前大后小之建筑；

⊙切莫选择道路尽头之建筑；

⊙切莫选择南方有高大楼层之建筑；（如果南方有山就不要紧，如果有高大建筑则不行。）

⊙切莫选择架空在水上之建筑；

⊙切莫选择正门窗口正对大树、电线杆、电线变压器之建筑。

7. 市郊地段

这些地段以往被认为是不太理想的开店之地，可是现在由于城市的迅速发展和车辆的大量增加，市郊地段的商业价值正在上升。这一地段的特征是，主要向驾驶各种车辆的人提供生活、休息、娱乐和维修车辆的服务。

我国城市的市郊地段具有相当的可变性，许多目前人口并不多的市郊地段，随着城市建设的发展，会变成繁华的社区中心。眼光远大的投资者如能把握机会，提前一步择地开创基业，日后财源定会滚滚而来。

以上几种地段的分类并不是绝对的，有的地方可能同时具有两个到三个地段的特征。所以，商店在选择位置时，需要具体问题具体分析。

天安国际动感名城
BOSS

第三章 商铺室外装饰风水

从商品营销的角度来说，注重商铺的室外装饰以达到树立商业形象的目的，就必须使之具有鲜明的独特性，即商铺外观要有特色，以达到宣传自己，招引顾客的目的。

一个室外装饰平庸的商铺，是不可能超出他人的营业效益的。室外装饰不仅是招揽顾客的第一印象，更重要的还是商品营销的一个谋略，所以设计含糊不得。

一、商铺朝向风水

1.影响商铺朝向风水的因素及化解方法

商铺的朝向是商家所十分重视的事情，往往将之看成是经商成败的关键。现将某些商铺适宜的朝向列表如下:

商行、公司、商铺	适宜的正门朝向
律师事务所医疗中心	北或东
船业公司、财务公司、保险公司	西北或东南
银行、建筑公司、进出口公司	北或东
批发店、餐饮店	北或东南

此表是按五行相生相克的原理编制的。实际上，商铺的兴衰取决于顾客，顾客是商铺的财源所在。顾客盈门商铺就会兴旺发达，反之，商铺就要倒闭。所以商铺门的朝向，应取决于顾客，应该是顾客在哪里，商铺的门就开向哪里，做到门迎顾客。

商铺的门向还跟商铺的选址有很大关系，如商铺的选址为坐南朝北，或坐西朝东，而顾客的聚集点也在房屋所坐朝的方向，那么商铺的门就只有朝北、朝东了。如果是这样，商铺又犯了门不宜朝北的忌讳，在夏季商铺就要受到烈日的直晒，在冬季商铺就要受到北风的侵袭。在这种情况下，不妨运用阴阳五行相生相克的定律处理。如果是经营旅馆业的，在夏季里，除了在旅馆门前搭遮阳篷外，还可以在旅馆的前厅摆置一个大的金鱼缸，摆上若干盆景。金鱼缸属水，盆景属木，都可以起到使室内的热气减弱的作用。而且人在暑天里看到一缸清凉之水，其中又有生气勃勃的金鱼，就会获得清新之感。

如果有楼层的商铺，二楼是用作办公室，商铺的门朝向顾客，那来自商铺的门口的噪音就有可能干扰到二楼的办公室。为了避免这种干扰，所设计的楼梯口不可正对着商铺大门。按照风水学的说法，将上楼的梯口正对着大门，聚集在大门口的煞气（噪音）就会直接顺着楼梯道进入二楼。理想的做法是，将楼梯开置在侧面，楼口避开正门，由侧墙引阶而上。有可能的话，最好还是在大门和楼口之间放置一架屏风，作为噪音的间隔层。

在街市上，常可看到一些利用原有的沿街房改建而成的商铺。这种商铺的房屋原来大多是作为住宅使用的，大门额上方往往没有伸出来遮阳遮雨的预制板或平台。这样商铺的门虽然开向了顾客，但也不利于顾客的出入。属于这样的商铺，应在大门额的上方搭出一个遮阳篷。有了这样一个阳篷，在夏季可避免商铺受到烈日的暴晒，也可使顾客在商铺门前有一个站歇的地方；在雨季，可避免商铺被雨侵湿，也为顾客在商铺门前准备一块避雨之地。否则，商铺门前无遮无挡，在烈日之下，热气逼人，顾客不耐酷暑，自然却步；在阴雨之下，湿气袭人，顾客又没有位置站，当然不会来。

2. 经营者属相与商铺朝向

关于商铺的朝向宜忌，风水先生常常以商铺经营者的属相来确定。这种以经营者属相来确定商铺朝向宜忌的做法虽不切实际，但也不妨参考，以求得心理安慰。

属鼠的人——

忌：座南（未山）向北方。

宜：座东向西方、座北向南方、座西向东方。

属牛的人——

忌：座东（辰山）向西方。

宜：座北向南方、座西向东方、座南向北方。

属虎的人——

忌：座北（丑山）向南方、座西（中山）向东方。

宜：座东向西方、座南向北方、座北向东方。

属兔的人——

忌：座西（酉山、山）向东方。

宜：座北向南方、座南向北方、座东向西方。

属龙的——

忌：座南（未山）向北方。

宜：座西向东方（除座西戎方）、座北向南方、座东向西方。

属蛇的人——

忌：座西（辰山）向东方。

宜：座南向北方、座北向南方。

属马的人——

忌：座北（丑方、子山）向南方。

宜：座东向西方、座西向东方、座南向北方。

属羊的人——

忌：座西（戎山）向东方。

宜：座北向南方、座南向北方、座东向西方。

属猴的人——

忌：座南（未山）向北方。

宜：座北向南方、座东向西方、座西向东方。

属鸡的人——

忌：座东（辰山）向西方。

宜：座北向南方、座南向北方、座西向东方。

属狗的人——

忌：座北（丑山）向南方。

宜：座南向北方、座西向东方、座东向西方。

属猪的人——

忌：座西（戌山）向东方。

宜：座北向南方、座东向西方、座南向北方。

3.各行各业的吉方位

人说“三百六十行，行行出状元”，商业又分不同行业，经营生意不同，所属行业也不同，商铺朝向选择也不尽相同。兹介绍各行各业的吉方位如下，以供参考。

(1)餐饮业。餐厅、咖啡专门店，酒吧、饮食店、酒廊等，关键在于北，若将北用做大堂则吉，东南有突则生意兴隆。

烤肉店、炸鸡店等用火的生意，厨房在东或南则吉，倘只是用火则南最佳。

(2)食品店。鱼店、海产物批发店，把客厅建在东南、东、南方位，用陈列台或箱子等掩盖正中线、四隅线则吉。加工食品店在南、东南造突则吉。南西则摆商品陈列台、客人用的椅子等即可，入口最好设在东南、南，东。

(3)青果业。把新鲜的货品摆在北、南则生意兴隆，入口设在东、东南、南、西北则吉。

(4)西点业。西点面包店把入口置于东南、东、南则吉，但开闭门不可在正中线、四隅线。至于糖果公司、办公室、公司建筑物的东南与南有突则为吉。至于工厂则宜将与火有关的建筑置于南方位。

最好是能围绕商铺所经营的主要商品，或者是针对商品的营销特色去展开商铺外观设计，主要原则是要使顾客从商铺的外观，就能体会到或者猜测到商铺经营的范围，使之在商品的营销活动中，起到宣传商铺和招揽顾客的作用。

人们认识一个事物，往往都是从认识其外观开始。商铺能从外观设计的感觉上，首先赢得顾客，就等于把生意做成了一半。

商铺外观设计，从某种意义上说，代表了商铺的形象。好的商铺外观能在顾客心中树立起良好的印象，使顾客来购买物品时，感到踏实、可靠、可信，从而也就增强了在顾客心中的名望。反之，如果一个商铺的外观设计不谐调，人们看过去感到十分别扭，不仅招人评头论足，使人产生反感，而且也会损坏商铺在顾客心目中的形象，使顾客失去对商铺的信任，当然，也就会很少举足上门了。

对于外观设计不谐调的商铺，风水称之为"凶宅"，认为会带来天灾人祸。商铺因外观设计的不谐调而失掉顾客，就是商铺遭受到的最大祸患。

注意商铺外观设计的谐调，也是商铺经营买卖活动中一个不可忽略的内容。

2.外观造型与区域景致谐调

在设计商铺外观的造型时，除了考虑建筑本身结构比例的谐调性之外，还要注意使商铺的外观造型与所处区域的自然景致相谐调。

风水学认为：宇宙大地的万物都蕴藏着气，优美的山川景致表明生气盎然，相反，残垣断壁就是死气淤积。在山川美景中，气的流动顺畅，而在残垣断壁的区域，气的流动则受阻。

按风水学的说法，在考虑商铺的外观造型与所处区域自然景致的关系时，有意识地将商铺的外观造型与优美的自然景致谐调地融为一体，使外观造型与区域景致相谐调，就意味着顺应了宇宙之气的流通，就是将商铺融入了大自然的生气之中。商铺处在优美的自然景致之中，就拥有了丰富的大自然生气，就能顾客盈门，生意兴旺。相反，商铺处在残垣断壁的恶劣的环境之中，就会导致生意经营的惨淡。

从商品的营销角度来说，商铺有一个优美的景致作背景衬托，可使商铺在对外宣传时，带给人们一个美好的形象。特别是从事旅游酒店生意的，坐落于优美景色中，会迎来源源不断的观光游客。

有了优美的自然景致这种良好的环境，还要考虑商铺的建筑与之是否相谐调。如果不注意这种谐调性，就等于失掉了所拥有的区域生气。

商铺建筑与自然景致不谐调，是指商铺的建筑很不相衬，或者是十分别扭地出现在优美的自然景致之中。商铺的建筑与自然景致不谐调，就破坏了原有的大自然美，就等于在一幅优美的图画上出现了一个不应有的污点。按照风水的说法，就是商铺的建筑与区域自然之气不顺，扰乱了宇宙间的自然之气，使宇宙间的生气流通受阻。宇宙生气受阻带来的就是煞气的产生，原有的生气就变成了煞气。商铺建筑受到煞气包围，生意就会清淡。

从实际客观上来说，商铺建筑不谐调地出现在优美的自然景致之中，主要损害破坏了商铺对外宣传的形象，从而影响到生意和买卖。从这样的观点去看，当然就更不能将商铺置于残垣断壁的场景之中。

观察一个商铺的外观造型是否与所处区域的自然景致相谐调，最简单的一个方法，就是在早晚的时候，从不同的视觉角度来观察商铺的外观是否美好。特别是在有朝霞和晚霞的时候，看一看映衬在霞光之中的商铺外观造型，是否美丽动人，是否有诗的韵味，是否与自然景致融成了一融优美的画卷，如能达到这样的效果，就是商铺的外观造型与区域的景致达到了最佳谐调的状态。

商铺与优美的景致相融合，是商家所看重的天时地利。精明的生意人能借用天地之利，以达到财源茂盛的目的。

3. 商铺外观的颜色搭配

建筑，从某种意义上说，就是色彩的建筑，除去色彩的建筑，就等同于一堆灰土。

按照风水学的五行之说，天地万物是由水、火、土、金、木五种元素构成。天地万物都以五行分配，颜色分配五行为五色，即青、赤、白、黑、黄五种颜色。

青色，相当于温和之春，为木叶萌芽之色；赤色，相当于炎热之夏，为火燃烧之色；黄色，相当于土，为土之色；白色，等于清凉之秋，为金属光泽之色；黑色等于寒冷之冬，为水，为深渊之色，简化就是，木为青色，火为赤色，土为黄色，金为白色，水为黑色。

白、青、黑、赤、黄五色，在中国古代还有如下特殊的意味：

白色 金	青色 木	黑色 水	赤色 火	黄色 土
悲哀、平和、雅洁	永远、平和、雅洁	破坏、沉稳、悲痛	幸福、喜乐、活泼	活力、富裕、帝王

因此，中国古代的建筑对颜色的选择十分谨慎，如果希望富贵而设计的建筑就用赤色；为祝愿和平、永久而设计的建筑就用青色；黄色为皇帝专用颜色，民间的建筑不能滥用，只能用于建筑的某个小部位。白色不常用；黑色，除了用墨描绘某些建筑轮廓外，也不多用。故而，中国古代的建筑以赤色为多，在给屋内的栋梁着色时，以青、绿、蓝三色用得较多，其他颜色很少用。

人们对颜色所表现出来的习尚，已经不是一种简单的颜色欣赏，而是一种蕴涵着某种人类情感的寄托物，反映了一个民族的信仰观念。

于是，在设计商铺外观的颜色时，就要注意将之与人们对颜色的传统认识观念相谐调，要使人们接受所附于商铺建筑外观的颜色。当然，随着现代文化的发展，人们对颜色的需求也会有所变化。那么，作为商铺的经营者，就要主动地去满足人们对颜色的新需求，以颜色的清新、活力、美感来吸引顾客，来达到促销商品的目的。

要求商铺外观设计的谐调，当然也包括着色的谐调，各种颜色搭配谐调，等等。

商铺外观设计颜色的不谐调，主要是指建筑涂了某种为人们所忌讳的颜色，或者是在着色、选择搭配的颜色上，给人们造成了色感认识上不相适应的感觉。商铺外观设计颜色的不谐调，会影响商铺的外在形象。

按风水的理论，颜色不正，色彩不谐调，都带有煞气。商铺外观设计颜色不谐调，就使商铺带上了煞气，有了煞气，则为不吉之相。且不谈风水论，商铺外观设计颜色不谐调，就好似一个人穿了一件不伦不类的外装，容易给人造成不好印象，所以应该加以避免。

借助颜色美化商铺，借助颜色烘托商铺，这是现代商铺运筹的崭新意识。

风水小贴士

当商铺的店门口有五行之煞冲射时，可用大门的颜色或门前踏垫的颜色，把煞气克制泄去。

⊙遇到金煞时，可用克金的火色，即红色、紫色，也可用泄金的水色，即黑色、蓝色。

⊙遇到木煞时，可用克木的金色，即白色、杏色，也可用泄木的火色，即红色、紫色。

⊙遇到水煞时，可用克水的土色，即黄色、棕色，也可用泄水的木色，即绿色、青色。

⊙遇到火煞时，可用克火的水色，即蓝色、黑色，也可用泄火的土色，即黄色、棕色。

⊙遇到土煞时，可用克土的木色，即青色、绿色，也可用泄土的金色，即白色、杏色。

4. 商铺店面形象设计

店面的设计必须符合自身的行业特点，从外观和风格上要反映出商店的经营特色，要符合主要客户的“口味”。

店面的装潢要充分考虑与原建筑风格及周围店面是否谐调，“个别”虽然抢眼，一旦使消费者觉得“粗俗”，就会失去信赖。

店面装饰要简洁，宁可“不足”，不能“过分”，不宜采用过多的线条分割和色彩渲染，免去任何过多的装饰，不要让客户感到“太累”。

店面的色彩要统一谐调，不宜采用任何生硬的强烈的对比。

招牌上字体大小要适宜，过分粗大会使招牌显得太挤，容易破坏整体布局，可通过补底色来突出店名。店名要简明易懂，上口易记，除特殊需要外不要使用狂草或外文字母。

店外的灯箱、布告板、宣传栏要遵守交通法规或城管条例。

如果忽视了对商品特点的展示，即使再好的商品也会遭到冷遇。使顾客显而易见地看出每件商品的特色，是十分重要的陈列技巧。

商店装潢有不同的风格，大商场、大酒店有豪华的外观装饰，具有现代感；小商场、小店也应有自己的风格和特点。

在具体装潢上，可从以下两方面去设计：

第一，装潢要具有广告效应，即要给消费者以强烈的视觉刺激。争取在外观上别出心裁，以吸引消费者。

第二，装潢要结合商品特点加以联想，新颖独特的装潢不仅刺激消费者的视觉，更重要的是使消费者没进店门就知道里面可能有什么东西。

风水小贴士

要有“傍大款”意识。即把店铺开在著名连锁店或强势品牌店的附近，甚至可以开在它的旁边。例如，你想经营吃的，那你就将店铺开在“麦当劳”、“肯德基”的周围。因为，这些著名的洋快餐在选择店址前已做过大量细致的市场调查，挨着它们开店，不仅可省去考察场地的时间和精力，还可以借助它们的品牌效应，“拣”些顾客。

风水小贴士

良好的建筑造型，在于挖掘人们对造型结构的审美意识。这种审美意识，对中国人来说，就是讲究结构的左右对称，前后高低均等，弧圈流畅，方正等等。因此，在设计商铺外观的独特造型时，要注意造型结构的谐调性。就是说，要考虑商铺外观的独特造型是否符合人们对建筑结构的审美观念。具体来说，大致要看处于左右两侧的部分是否对称，前后的高低是否相宜，建筑物四周留出的空间是否均等，该成圆形的圆了没有，该成方形的方了没有，该成角形的成了角没有等等。总的原则，就是在人们看商铺的外观造型时，感到舒服顺眼，取得良好的视觉效应，即要取得人们对商铺外观独特造型的认可。

三、商铺店门风水

1.商铺店门的风水禁忌

大门前不可有臭水沟流过，门口地面也不可有积污水的坑洞。以现代观点而言，大门宛如一个人的颜面，如果有污水则会给人肮脏的感觉，当然形象不佳，生意难以开展。

开在二楼的商铺，为了吸引人潮，楼梯口不可狭窄拥挤，否则会产生压迫感，使客人不愿意光顾。理想的楼梯应该宽广，不仅看起来心里舒畅，而且要兼顾安全。

从心理卫生和环境卫生方面而论，商铺的门向还应避免正面对着一些被风水称为不吉祥的建筑物。

风水所说的不吉祥的建筑，主要是指一些如烟囱、厕所、牛栏、马厩、殡仪馆、医院等使人容易感到心理不适的建筑。这些建筑，或是黑烟滚滚，或是臭气熏天，或是哭嚎，或是病吟，由不吉祥的建筑带来的这些气流，风水视之为凶气。

如果让商铺的门朝着不吉祥的建筑而开，那些臭气、哭嚎、病吟的凶气就会席卷而来。经营些日杂小百货尚可，如若经营饮食，开办旅店，必然是食客少至，旅客稀少，因为谁也不愿意花钱去闻那些恶臭气，去听那哭泣的哀鸣。而且，对于经营者来说，常处在这样的环境中，也会造成精神不济，心气不畅；重者，还会染病成疾，商败人亡。

当然，在商铺的选址时就应避免在这种不吉祥的区域开业，如因其他缘故要设于这种区域，开门时就一定要避开这些不祥之物，选择朝有上乘之气的方向开门，而且大门之后处，最好再安放一架屏风，以对煞气再做阻隔。

风水强调阳宅开门避开不祥物，从另一个意义上，就是强调人的工作和生活需要有一个空气清新、视感良好的环境。在良好的环境中，人们的工作精神愉快，智力的发挥也最好，自然人们做事的成功率也就最高。

有些商铺会开两个门，是为了方便顾客进出，似乎在生意上而论是有利的，但从风水角度而言，除了少数的情况外，开“两门相对”便主财运不聚，所以要开两个门，也不宜相对。

店门不可向着与上一层楼连结的扶手电梯。商铺门前向着的若是由下层移动上来的自动电梯时，便称为“抽水上堂”，也属于吉利论，主旺财。反之，商铺门前若是向着通往下一层的扶手电梯的话，情况便有变，为退财水，又名“卷帘水”，即是将门前之财水卷走，为不聚财之相。

因此，大家在设计商铺时，可将店门向着上行的扶手电梯，但不宜将店门向着下行的扶手电梯。

风水小贴士

商铺大门对着不同的建筑，或对着不同的物件都有着不同的影响，故门外或门内的各种物品摆设，门口的颜色、图案皆对风水构成影响。例：大门正对三尖八角的墙角，这个墙角就像一把锋利的尖刀，每天一开门就见到利刃迎面刺来，心理上不会安宁，久而久之，自然会影响健康，故从风水的角度来说是不利的。

2.商铺店门宜宽敞

商铺的店门是商铺的咽喉，是顾客与商品流通的通道，商铺的店门每日迎送顾客的多少，决定着商铺的兴衰。因而，为了使商铺能提高对顾客的接待量，店门不宜做得太小。

商铺的店门做得过小，按风水的说法就是缩小了商铺的气口，不利于纳气，使气的流入减少、减慢，从而减少了屋内的生气。对于经商活动来说，作为出入通道的门做得过小，就会使顾客出入不便，如果顾客还要提商品的话，就会出现碰碰撞撞，很有可能会损坏已卖出的商品。狭小的店门，还会造成人流拥挤，拥挤的人流就有可能使一些顾客见状止步，也会因人流的拥挤发生顾客间的争论，及扒窃事件的发生，最终影响商铺正常的营业秩序。因此，最好是把商铺的店门加宽，甚至可以把商铺的店门全部拆除。商铺的店门加大，也就是扩大了风水所谓的“气口”。大气口能接纳大财，避免其他不应有的事件发生，从而保证商铺良好的营业秩序，使经营蒸蒸日上。

广开了店门，还可以将商品更好地展示于顾客面前，方便顾客选购。广开了店门，就等于拆除了店内商品与店外顾客间的隔墙，使陈设在店内的商品直接展向街市，使街道上的行人举目即可看到，使陈列于店内的商品成了一个实物广告，既宣传了商品又做了生意。

广开了店门，柜台就成了宣传的橱窗，而且这个“柜台橱窗”更灵活，既可看，又可进行交易买卖。橱窗全部拆除，代之以柜台，将商铺全面向顾客敞开，从商铺投资的效益来说，就是在不用扩建商铺的基础上，扩大了商铺的经营空间和营业面积。

要求店门宽敞的意义，在于使顾客更大范围、更方便地接触商品。按照这个原则来设计，更进一步就是组建让顾客能自己提取商品的自选商场。在自选商场里，众多的商品摆在眼前，顾客接触商品就更自由，而且顾客可以不需经过营业员之手，就可以拿到商品。

实践证明，能让顾客更广泛地接触商品，能让顾客按自己的意愿自由地取舍商品，就可以提高商铺的营业额，这也是“商铺店门宜宽敞”所要达到的效应。

fornarina

3. 商铺店门其他注意事项

显而易见，店门的作用是诱导人们的视线，并使之产生兴趣，激发想进去看一看的参与意识。怎么进去，从哪进去，就需要正确的导入，商铺店门设计的目的就是告诉顾客相关信息，使顾客一目了然。

在店面设计中，顾客进出门的设计是重要一环。

将店门安放在店中央，还是左边或右边，这要根据具体人流情况而定。一般大型商场大门可以安置在中央，小型商场的进出部位安置在中央是不妥当的，因为店堂狭小，直接影响了店内实际使用面积和顾客的自由流通。小店的进出门不是设在左侧就是右侧，这样比较合理。

从商业观点来看，店门应当是开放性的，所以设计时应当考虑到不要让顾客产生“幽闭”“阴暗”等不良心理，从而拒客于门外。因此，明快、通畅，具有呼应效果的门廊才是最佳设计。

店门设计，还应考虑店门前路面是否平坦，是水平还是斜坡；前边是否有隔挡及影响店面形象的物体或建筑；采光条件、噪音影响及太阳光照射方位等。店门所使用的材料，以往都是采用较硬质的木材，也可以在木质外部包铁皮或铝皮，制作较简便。近年来我国也开始使用铝合金材料制作商店门，由于它轻盈、耐用、美观、安全、富有现代感，所以有普及的趋势。无边框的整体玻璃门属于高档的首饰店、电器店、时装店、化妆品店等。

风水小贴士

门应避开不祥之物。从心理学和环境卫生方面说，商铺店门（实际上所有大门）应避开烟囱、厕所、牛栏、马厩、殡仪馆、医院、神坛等让人感到厌烦或压力的一切不祥之物。风水学中强调门避不祥物，就是强调人的工作和生活需要一个空气清新，视觉良好的环境，而良好的环境能促进人的身心健康，提高办事效率，自然成功率也就高了。

四、商铺橱窗设计风水

在现代商业活动中，橱窗既是一种重要的广告形式，也是装饰商店店面的重要手段。一个构思新颖、主题鲜明、风格独特、手法脱俗、装饰美观、色调和谐的商店橱窗，与整个商店建筑结构和内外环境构成立体画面，能起美化商店和市容的作用。

从整体上看，制作精美的室外装饰是美化销售场所和装饰店铺、吸引顾客的一种手段。如商店门前电子广告，它以新颖别致、变幻无穷的图像吸引着顾客的注意力，即便不想买东西的人，也经常在这种渲染的气氛中不知不觉地走进了商场，特别是商店的橱窗、它往往成为商店的一张脸，布置得好像一朵花，使人产生春意盎然之感，即便是匆忙路过的人，也会停步观赏一番。商铺橱窗引人注目，天常日久，店铺自然美誉远播，名闻遐迩，顾客自会越来越多。所以，精心设计橱窗，是现代装饰的重要内容。

好的橱窗设计不搞商品堆积，追求主题突出，格调高雅，富于立体感和艺术的感染力。如纽约的大商店喜欢在橱窗里使用艺术雕塑式人物造型来配合商品的陈设，使整个橱窗在艺术装饰的烘托下，显得层次分明，一目了然。

一般来讲，橱窗设计应注意以下方面：

(1)橱窗横度中心线最好能与顾客的视平线相等，那么，整个橱窗内所陈列的商品都在顾客视野中。

(2)在橱窗设计中，必须考虑防尘，防热、防淋、防晒、防风、防盗等，要采取相关的措施。

(3)不能影响店面外观造型，橱窗建筑设计规模应与商店整体规模相适应。

(4)橱窗陈列的商品必须是本商店出售的，而且是最畅销的商品。

VERSINO
COLLECTION

(5)橱窗陈列季节性商品必须在销售旺季到来之前一个月预先陈列出来向顾客介绍，这样才能起到迎季宣传的作用。

(6)陈列商品时，应先确定主题，无论是多种多类或是同种不同类的商品，均应系统地分门别类依主题陈列，使人一目了然地看到所宣传介绍的商品内容，千万不可乱堆乱摆分散消费者视线。

(7)橱窗布置应尽量少用商品作衬托、装潢或铺底，除根据橱窗面积注意色彩调和、高低疏密均匀外，商品数量不宜过多或过少。要做到使顾客从远处近处、正面侧面都能看到商品全貌。富有经营特色的商品应陈列在最引人注目的橱窗里。

(8)容易液化变质的商品如食品糖果之类，以及日光照晒下容易损坏的商品，最好用其模型代替或加以适当的包装。

(9)橱窗应经常打扫以保持清洁，特别是食品橱窗。肮脏的橱窗玻璃里面布满灰尘，会给顾客不好的印象，引起对商品的怀疑或反感，从而失去购买的兴趣。

(10)橱窗陈列需勤加更换，尤其是有时间性的宣传以及陈列容易变质的商品应特别注意。每个橱窗在更换或布置时应停止对外宣传时间，一般必须在当天内完成。

风水小贴士

商铺的环境位置非常重要，有些位置之所以令人一到此处即有舒适安逸之感，是因为好的商铺除朝向好，道路交通畅顺方便，环境位置佳外，前有明堂财气、后有文昌官气，吉利祥和且格局方正，搭配合理，视野宽阔，采光通风，充满生气活力。

五、商铺招牌设计风水

在商铺前的左右两侧或门楣上方，常常挂有招牌，招牌是为宣传商铺所经营的商品内容、质量、特色而设立的。按规格，商铺的招牌可分为大中小三类，大者俗称"冲天招牌"，是一块长方形大木板，垂直竖立在商铺一侧的前方，高出铺面房檐；中者是在长方形木板上书写商品的特色、质量，竖挂在店门两侧，字迹简单清楚，一目了然；小者木板造型小巧玲珑，悬挂在房前屋檐下，上面书写商品名称，在于介绍所经营商品，宣传商品的特色和质量，以达到推销商品的目的。招牌的制作一定要新颖美观，文字的书写一般也应采用与匾额一样的方正楷书，不使用一般人难以识读的草书和行书。介绍商品的文字要求简明扼要，通俗易懂。为了生动形象起见，可在招牌上使用多颜色的字体，还可以在招牌上贴商品宣传广告画，使之更具吸引力。

为了使商铺的匾额和招牌真正起到装饰商铺和宣传所经营商品的作用，最基本的一点是要求匾额和招牌上的字使用正确，在书写时不能写错别字，否则会引来路人的非议，影响商铺的声誉。

风水小贴士

在店铺的四个角落放孔雀石有助于招揽客人进门，在柜台、橱窗放粉水晶或紫水晶可增加人缘及生意缘。并且可使商铺生意兴隆、高朋满座。

第四章 商铺室内装饰风水

商铺要想风水好、财运佳，为经营者带来良好的经济效益，在室内装饰格局上尤其要下功夫。本章节在室内环境策划以及地板、墙壁、天花、柜台设计等与风水的关系及商铺室内装饰风水宜忌等方面提供了有效的、直观的室内装饰风水知识，谨供读者参考借鉴。

一、天花设计风水

天花设计不只是把建筑物顶部一些不雅观的部分遮蔽起来创造室内的美感而已，还要与空间色彩、照明等相配合，形成优美的购物环境。

天花的设计首先要考虑高度问题。如果天花太高，上部空间就太大，使顾客无法感受到亲切的气氛；反之，天花过低，虽然可以给顾客亲切感，却会使店内的顾客无法享受视觉上、行动上舒适自由的购物乐趣。天花的高度要根据商店营业面积决定，宽敞的商店应适当高一些，狭窄的商店应低一些。一般而言，一个10～20平方米的商店，天花的高度在2.7～3米左右，可以根据行业和环境的不同适当调整。如果商店面积达到300平方米，那么天花的高度应在3～3.3米左右；1000平方米左右的商店，天花高度应达到3.3～4米。我国不少商店对天花的高度重视不够，有的小商店天花很高，又不进行装饰，使上部空间显得空荡荡的，这非常影响商店的美观，应当设法改进。另外，天花的颜色也具有调整高低感的作用，因此，有时并不需要特别把天花架高或降低，只需改变颜色就可以达到调整高度的效果。

其次是天花的形状问题。天花一般以平面为多，但在其上加些变化，对顾客的心理、陈列效果、店内气氛都有很大影响。除了平面天花板之外，常用的天花形状如右边表格所示

常用的天花板		
	格子天花板	圆形天花板
	垂吊形天花板	波形天花板
	半圆锥形天花板	金字塔形天花板
	倾斜天花板	船底形天花板

最后是天花的照明设备。天花板应与一定的照明设备配合，或以吊灯和外露灯具装饰，或以日光灯安置在天花板内，用乳白色的透光塑胶板或蜂窝状的通气窗罩住，做成光面天花板。光面天花板可以使店内灯火通明，但会造成逆光现象，如与垂吊灯具结合，则可克服这个缺点。

至于天花板的材料，则不胜枚举，有各种胶合板、石膏板、石棉板、玻璃绒天花板、贴面装饰板等。装修时选择哪一种材料，除了要考虑经济性和可加工性两个要求外，还要根据店铺特点，考虑防火、消音、耐久等要求。胶合板是最经济和方便的天花板材料，但防火、消音性能差；石膏板有很好的耐热、消音性，但耐水、耐温性差，经不起冲击；石棉板不仅防火、绝热，而且耐水、耐湿，但不易加工。在装修时，也可以不用各种装饰板，直接用涂铺法将各种材料粘在底部，然后喷漆。

风水小贴士

在买方为主的时代，品种繁多的商品、豪华优雅的店堂已不再是吸引顾客最有效的因素，商家竞争已由商品之争、购物环境之争，开始向服务质量之争转变，良好的购物感受和较高的购物满意感已成商铺风水另一关键因素。因此，要想得到消费者认同，提升商铺的人气，达到旺铺之目的，商铺所能提供的服务质量绝对不可忽视。

做生意、搞促销攻心为上，功城为下，谁提供的服务最完美、最可信，谁的商品就能成为顾客购物的首选对象。为顾客排忧解难，设身处地为顾客着想，诚到、情到，自然人气兴旺、财源广进，这是攻心经营术和商铺风水共同给予我们的启示。

二、墙壁设计风水

壁面作为陈列商品的背景，具有很重要的作用。商店的壁面在设计上应与所陈列商品的色彩和内容相谐调，与商店的环境和形象相适应，一般有以下四种壁面利用方法：

(1)在壁面上架设陈列台，用以摆放陈列商品；

(2)在壁面上安置陈列台，作为商品展示处；

(3)在壁面上做简单设备，用以悬挂商品及布置展示品；

(4)在壁面上做一些简单设备，作为装饰用。

上述各种方法中，第一种方法多为食品店、杂货店、文具店、书店、药店等商铺所采用；第二、三种方法多为各类服饰店、家用电器店所采用；第四种方法则为家具店等主要在地面展示商品的商铺所采用。

壁面的材料亦如天花板材料一样，有许多种类，但比较经济的是在纤维板上粘贴印花饰面，这样具有便于拆卸改装的优点。

三、地面设计风水

地板在图形设计上有刚柔两种选择。以正方形、矩形、多角形等直线条组合为特征的图案，带有阳刚之气，比较适合经营男性商品的商店使用；圆形、椭圆形、扇形和几何曲线形等曲线组合为特征的图案，带有柔和之气，比较适合经营女性商品的商铺使用。

地板的装饰材料一般有瓷砖、塑胶地砖、石材、木地板以及水泥等，可根据需要选用。主要考虑的是商铺形象设计的需要、材料费用的多少、材料的优缺点等几个因素。应对各种材料的特点和费用有清楚的了解，才利于做决定。

瓷砖的品种很多，色彩和形状可以自由选择，有耐热、耐水、耐火及耐磨等优点，并有相当的持久性；缺点是保温性差，对硬度的保有力太弱。塑胶地砖价格适中，施工也较方便，还具有颜色丰富的优点，为一般商铺所采用；缺点是易被烟头、利器和化学品损坏。石材有花岗石、大理石等，还有一种是人造大理石，都具有外表华丽、装饰性好的优点，在耐水、耐火、耐磨性等方面亦不用担心，其他材料远不能及，但由于价格较高，只有在营业上有特殊考虑时才会采用。木地板虽然有柔软、隔寒、光泽好的优点，可是易弄脏、易损坏，故对于顾客进出次数多的商铺不大适合。用水泥铺地面价格最便宜，但经营中高档商品的商铺不宜采用。

风水小贴士

现在许多商铺，为了营造商铺的内部气氛，在商铺里播放震耳欲聋的音乐，其实这样做是很不好的，音乐本身确实可以营造一种气氛，但要看是营造了怎么样的气氛。轻柔雅致的乐声可以使顾客流连忘返，增加顾客在商铺里的逗留时间，从而增加顾客消费的可能性；而震耳的音乐在风水中称为“声煞”，会使得人们产生烦躁的情绪，对商铺的促销只能起到负面影响。

四、柜台货架设计风水

1. 收银台

收银台是钱财进出之地，风水上说商铺收银台应设在虎边（人站在室内往大门方向看去的右边就是虎边），也就是在不动方，才能守住入库的钱财；不可设在流动性大的龙边，否则不利财气。其实，这是为了符合人靠右行走的习惯，从里面出来时也习惯性靠右走，正好是虎边付账处。柜台在不动方如果正好是玻璃，则应该把这一面玻璃加以遮盖，可以安装窗帘或用装饰板遮起来。

收银台高度也要适中，过高有拒人于外的感觉，过低又有不安全感。适当的高度可在110～120厘米之间，或取107、108或126厘米。收银台内不可有电炉、咖啡壶之类的电器品，古说易生灾难及口舌，按常理来分析，其实是收银台处一般会有现金和账簿，万一发生火灾，首先被波及，当然不好。放钱的保险柜应隐秘，不可被人看到，但小额的收银机不受此限，因为当天打烊结账后，就将收入保险柜内，所以比较重要的是保险柜。餐饮业进门处的收银台旁，不可设有水龙头和冲洗槽。

2.货柜

货柜是商场的主要物质设备，是营业员出售商品的操作台，并能容纳、储存和展示一定数量的商品，做到商品醒目，容易选择，取放方便。货柜有不同构造形式和规模，货柜设计既要求实用、牢固、灵便，便于营业员操作，便利消费者参观，又要适应各类商品的不同要求。普通货柜一般长为120～130厘米，宽为70～90厘米，高为90～100厘米。陈列的商品应使顾客更直观地看到商品。货柜的制造材料不同，有玻璃、木材、金属、塑料等。工业消费品一般以玻璃柜台为主。玻璃柜台一般有全玻璃柜台、半玻璃半木制柜台和半金属半玻璃柜台，构造形式多种多样。设计和使用玻璃货柜应注意防尘、防磨损、并便于清扫擦拭。通用货柜制作成本低、互换性好、实用方便，但是，在布置商品陈列时，总使人感到单调、呆板、缺少变化。为了使商品陈列布置得美观，且富于变化，很多商场采用了异形货柜，包括三角形、梯形、半圆形以及多边形柜台。布置陈列商品时利用异形货柜组合，不但可以合理利用营业场所面积，而且可以改变普通柜台呆板、单调的形象，并增添活泼的线条变化，使商场营业现场表现出曲线的韵律，因此，受到广泛的重视。

采用异形柜台时，要注意因地制宜，结合商铺室内格局布置安排。一般来说，三角形柜台放置在商铺的角落位置，占地省，能满足像饮料、食品、日用百货等类商品的出售要求。众多的三角形柜台还可排成半圆形、圆形或扇面形，给商铺室内的总体布局带来美感。梯形柜台主要是为改变柜台与柜台之间衔接的生硬而设计的。在拐角处，普通柜台之间的衔接成90度，显得生硬，且易带来不安全因素，采用梯形柜台，使柜台的衔接比较自然，而且能带来营业面积的有效利用。半圆形柜台是为了充分利用营业面积以展示商品，使顾客充分看到商品全貌而设计制作的。多边形柜台是根据营业现场情况填补陈列商品的空档，或者为了沿起伏变化的商场营业场所边线而设计制作的。采用异形柜台，要严格设计，计算好尺寸，按要求订做。必要时，还应考虑到几类柜台的互换性。

风水小贴士

有些商铺为了促销商品，往往在扶梯的出口处摆设柜台，目的当然是要使顾客一踏上楼面就能看见所推销的商品，以增加出售商品的可能性，但这种做法往往使得一些顾客故意绕开这个柜台，而走向旁边的柜台。你不妨将挡在楼梯口的柜台向旁边移开2米，再看看效果，相信你会感觉到不一样。

风水 小贴士

⊙风水对会对商铺的顾客及经营者带来影响，所以如果商铺有不好的布局，便应该设法改善，不能让那些不利商铺经营的不良因素继续存在下去。人固然要努力奋斗，但努力的方向要顺应商业发展的客观规律，要受到客观环境制约，不能越过这些界限，在改造风水方面亦不例外。

⊙兵书上说："兵无常势，水无常形"，商铺风水亦非一成不变，此一时风水佳、财运旺，大获成功，彼一时市场发生变化，或是周围气场发生改变，就要重新调整商铺风水。倘是在市场风云变幻中，死死地固守一方水土，势必要被淘汰出局。有了好的商铺风水并不代表可以一劳永逸，但只要肯于勤作市场调查，找准商业发展规律，做到知己知彼，善于针对市场及时调整商铺风水，就一定可以达到财运昌盛之目的。

风水小贴士

商铺风水学把商铺室内分为五个部分，这五个部分的宜忌和所主的吉凶都有不同，其划分是根据店门的所在而定的。

⊙前朱雀位——我们以商铺店门为商铺的前方，这部分称为前朱雀位。这里是人们进出商铺的地方，也是人们日常活动的地点，其气比较流动，有动象，一般不吉也不凶。

⊙后玄武位——与商铺店门的位置刚好相对，与前朱雀位各为前后两极，这里多是人们休息的地方，宜静不宜动。此位置有一个或两个财气位，至于是一个还是两个，视店门的位置而定。

⊙左青龙位——我们站在商铺内的厅堂，面向店门，自己左方的墙壁为左青龙位。此位置主贵人，所以最宜气聚，聚气则可得贵人扶助。左青龙位亦是主男性的桃花位。

⊙右白虎位——我们站在商铺的厅堂，面向店门，自己右方的墙壁为右白虎位，白虎位主小人，此位置气聚，则身边小人当道。白虎位亦是女性的桃花位。

⊙中勾陈位——此为商铺的中央部分，除前四者之外的中央空间便属中勾陈位。此位置最不宜设置厨房、浴室、卫生间等，否则对商家不利。

3.货架

货架是用作陈列和放置备售商品的设备，货架也有不同的构造形式和规格，有单面货架，双面货架、单层货架、双层货架、多层货架、金属货架、木制货架等，货架下层和背面可以用来储备商品。货架设计应以便于保持陈列商品整齐清洁、美观大方、易取易放，并能充分显示商品特点，保证正常销售需要为原则。宜根据商品特征、规格、正常储备量，营业场所建筑条件和售货现场形式等设计不同的货架规格和构造形式。柜台货架规格不宜过大，规格过大不易于搬动、组装，货架一般高为180～190厘米，宽为60～70厘米。一般货架上面有三至四层，下面多设一个拉门，便于储藏商品。

近年来，国内许多商店对商场的货架进行了更新改造，不但用材多样化，而在造型方面也有新的变化。过去制作货架的材料主要是木材和玻璃，现在已逐渐让位给新型的铝合金材料。

五、商铺室内装饰风水宜忌

1.宜光洁舒适

按风水的说法，光洁舒适就是有生气，反之，就是死气。商铺的光洁舒适感，主要来自于两个方面。

第一来自地面。可以说，地面是顾客踏入商铺得到的第一感觉。要使商铺地面光洁，在装修时，首要的是选择表面光洁、方正、质量好的地板砖，以便做到铺设整齐，并且经久耐用，方便擦洗。

按风水的说法，对地面的装饰，就是对生气的凝聚。地面生气强弱，除决定于地板砖表面的光滑明亮外，还讲求地板砖的颜色。颜色对于风水来说，有象征性的意义。一般而言，红色代表富贵吉祥，绿色代表长寿，黄色代表权力，蓝色代表天赐福，白色代表纯洁。颜色的这种象征含义，也反映了普通大众对颜色的喜好。因此，可以将之作为选择地板颜色时的参考。

要使商铺的地面光洁，对地面要经常地擦抹，不留任何污迹，不留任何纸屑和瓜果皮，使之永远保持光洁照人。

第二来自墙面。顾客进入商铺，举目看到的就是商铺的四周墙面。商铺墙面的状况对商铺十分重要。

要做到商铺墙面的光洁舒适，首先就是对墙面的修饰。对墙面进行修饰的材料很多，石灰、涂料、墙纸（最佳为清淡之色）、墙砖、面板等都是常用的装饰材料。不论是哪一种材料的装饰，一定要保证墙面颜色的明亮，因为明亮的颜色才会给人带来光洁舒适的感觉。风水学认为，明亮就是生气。

商铺的厅堂总免不了要牵线挂灯，为了保证墙面的整洁，要求在铺设灯线时，走线要直，串整齐划一，避免灯线乱窜，不然，会破坏风水。当然，能把灯线布于墙体之内是最好不过的。

要做到商铺墙面光洁，还要注意在日常工作中不得乱涂乱画，或者随意往墙面上洒泥水、墨汁等污迹，或者是贴一些不规整的标语和广告，这些不规整的污迹，会使人感到不舒服。

有了一个光洁舒适的经营环境，就能赢得顾客，就能赢得良好的经营效益。

2.宜通风顺畅

风水讲求房屋的纳气，讲求房屋内部气的流动。商铺是一个人员密集的区域，是一个商品堆积的区域。故而，商铺也需要纳入新鲜的空气，也需要厅堂内的气体流动。气体流动可以驱走浊气，带来新气；气体流动可以带走湿气，带来干爽之气。

风水的"纳气"与"气的流动"，在一定的意义上，都可以理解为通风透气。商铺的通风透气，对商品的保管和交易都是有好处的。所以，使商铺通风透气，是商铺装饰时要考虑的重要原则之一。

要使商铺纳气，即让大自然的新鲜空气进入商铺，在装修时要注意留有空气的入口和出口。一般地说，商铺要做买卖，都有一个敞开的大门，空气的进入不成问题。有以下几种情况，也不必另辟空气的出口。

(1)两面开门的气流走动，不用另辟空气出孔。

(2)三面开门的气流走动不用另辟空气出孔。

(3)如果商铺是开一面墙，而且为扁平形状，气体的进出很流畅，也不用另辟出气孔。

(4)平扁状单开门的气流走动不用另辟空气出孔。

但是，如果单开一门的商铺呈长方形，而且除门以外，也没有另外的窗户，就要在与门对应的另一方开一个出气孔。因为，此时的空气流动只在房屋的前一部分，后一部分的空气仍静止不动。风水认为，这静止不动的气就是死气。在与门对应的方位开一个空气通道，就可以让这死气变活，形成前后气的对流。

要使商铺做到通风透气，还要注意商铺厅堂内用具的摆设。摆设整齐的用具，使气在流动时不受阻碍，使气流比较活跃。反之，零乱摆放的用具，或高，或低，或混乱拥挤，或掺杂叠放，都会扰乱厅堂内的气流，都会造成一部分淤积不动的死气。因此，为了避免死气的产生，对用具的高矮搭配，摆置的方向、位置，都要讲求整齐，尽量少采用阻碍气体流动的横式摆放。

在商铺存放的货物间也要留有空道，便于气的流动，便于排出湿气，便于货物的检验提存。按照风水的说法，这样留有空道地堆放物品，会使四周都有生气保养。

风水阳宅的纳气之说，其中包含有常见的关于人生吉凶祸福的迷信色彩，但其要求调整气流，要求室内空气流通，达到阴阳平衡的内容，有积极的意义，也符合客观的实际，可以利用来指导改良商铺内的空气，用来规整用具与商品的摆设，从而形成一个良好的经营空间。

3.忌阴暗与潮湿

阴暗和潮湿是不利于人类生活的两种环境。在风水中，阴暗和潮湿被看作是一种煞气，对商铺的经营和管理不利，要尽力加以避免，

商铺在装修时，解决阴暗的问题，要根据空间面积的大小，设计安装灯的盏数和位置，商铺的灯光效果要达到以下四点：

一是光线充足，使顾客在十米之内能清楚地看到物品；

二是光线分布要均匀。不能左明右暗，或者是东明西暗；

三是所装置的灯所发出的光与色要和谐，避免出现眩光；

四是要避免灯光同一些具有反光性质的装饰品产生反射光线。风水认为，这种刺眼的折射光线是一种凶光。

在考虑解决商铺的潮湿问题时，有三个方面的问题要检查。

一是检查商铺的通风透气是否良好。商铺在通风情况不好时，停滞在商铺内的静气就会变成湿气，湿气的凝聚就形成为水珠，成为潮湿的水源。

二是检查商铺的地面是否平整和洁净。商铺的地面凹凸不平，就会藏污纳垢，这些污垢不清除，也会产生湿气，成为潮湿水气的又一来源。

三是在春夏之季，应检查商铺的地面是否有回潮现象。这种季节产生的回潮现象，虽然持续的时间不长，但湿气最重，因而对商品的损害也就最大。

要解决商铺潮湿问题，可想方设法使商铺的通风透气保持良好，或加开窗，或增加排气孔，或清除店中的多余杂物，或使物品与用具摆放整齐等，使店内的气流通畅，从而带走湿气。另外，应设法保持商铺地面的平整光洁，经常擦扫地面等，使地面永远保持干爽清洁状态。

避免商铺的阴暗和潮湿，保持商铺的明亮清爽，也是为了造就一个良好的经营环境，从而使商铺获得良好的经营效果。

风水小贴士

商场内货物摆设应遵循下列原则:

- ⊙美观商品对门外，日常用品靠门摆。
- ⊙相关商品连着摆放；相互影响商品宜远放。
- ⊙大件商品摆放要注意易于搬运。
- ⊙畅销商品货位勤调整。
- ⊙货物布局要敢于打破常规。

六、商铺室内装饰其他注意事项

商铺内的装饰和设计，还要注意以下几个问题：

(1)总服务台应设置在显眼处，以便顾客咨询。

(2)商铺内布置要体现出一种独特的与商品适应的气氛。

(3)商铺中应尽量设置休息之处，备好坐椅。

(4)充分利用各种色彩。墙壁、天花板、灯、陈列商品组成了商场内部总环境。不同的色彩对人的心理刺激不一样。以紫色为基调，布置显得华丽、高贵，以黄色为基调布置显得柔和，以蓝色为基调布置显得不可捉摸，以深色为基调布置显得大方、整洁，以白色为基调布置显得毫无生气，以红色为基调布置显得热烈。色彩运用不是单一的，而是综合的。不同时期、不同季节和节假日色彩运用不一样，冬天与夏天也不一样。不同的人对色彩的反应也不一样。儿童对红、橘黄、蓝绿反应强烈，年轻女性对流行色的反应敏锐。色彩使用得当，可以把商品衬托得更完美，同时可以把商品缺陷掩盖。

(5)商铺内最好在光线较暗或微弱处设置一面镜子。这样做的好处在于，镜子可以反射灯光，使商品更鲜亮、更醒目、更具有光泽。有的商铺用反射灯光，使商品更显亮、更醒目、更具有光泽；有的商铺用整面墙作镜子，除了上述好处外，还给人一种空间增大了的假象。

好百年
彩田店B区
Ultima
歐廷門
再現歐陸經典藝術
ART
藝峰實業
榮譽出品
四樓
401專區
好百年家居广场B区

第五章 商铺旺财绝招

带动人气，招进财气，是一个商铺生意财源滚滚的重要因素，如何使自己的商铺能够人气更旺，从而财源广进呢？本章节简单介绍几种风水学认为旺财的招法，为您营造更好的商铺风水提供实战参考。

一、"三流"旺财法

这里的三流是指水流、车流、人流。

风水讲求阴阳，水流属阳、属柔、属虚，而商铺属阴、属实、属刚，以商铺迎取来水，便是旺财铺。

水流为流动之气，车流、人流亦属于流动之气，故选择商铺，最好选择水流停聚之处，如码头等；选择车流停留之处，如停车场、地铁站、火车站；人流则需看其来去。

经商的风水必须收得水流、车流、人流方能旺财，没有三流，生意则难以开展。

但若一个地方已经车水马龙、水泄不通，那这个地方的租金亦会十分昂贵，未必每个希望营商的人都能够负担。其实，除了那些非常繁忙的商铺外，亦可以选择一些旺中带静或静中带旺的商铺。

二、财位催财法

所谓“财位”，风水学有很多不同说法。有人认为财位在大门的斜角位；有人认为财位在房内的三白位，即一白、六白、八白三个飞星位。

“财位”对事业的发展有锦上添花的效果，也是人们最关心的风水基准，所以大多数人很讲究财位上的物品效应。一般而言，财位是在进门的左前方对角线上，此处必须很少走动，不能作为通道，否则影响财运。

如果右前方财位刚好是一个门，就要换成左前方的财位。有些房子因格局或设计关系而找不到财位，或是刚好在财位的角落是大柱子凹进来，都属风水不佳，最好是运用走道隔间，造出一个财位。

1.财位三宜

(1)财位宜亮

财位宜明亮，不宜昏暗，明亮则生气勃勃，故此财位有阳光或灯光照射，这对生旺位大有帮助。

(2)财位宜生

所谓“生”，是指生机茂盛，故此应该在财位摆放绿植物，尤其是以叶大或叶厚的黄金葛、橡胶树及巴西铁树等最为适宜；但要留意，这些植物应用泥土种植，若以水来培养则不宜。财位不宜种植有刺的仙人掌类植物，否则便会弄巧成拙。

(3)财位宜吉

财位是旺气凝聚的所在地，若在那里摆放一些寓意吉祥的物件，例如是福、禄、寿三星，或是文武财神的塑像，这会吉上加吉，有锦上添花的作用。

2.财位六忌

(1)财位忌压

在风水学来说，财位受压是绝对不适宜的。倘若将沉重的大柜、书柜或组合柜等压在其上，那便会影响商铺的财运。

(2)财位忌水

有些人喜欢把鱼缸摆放在财位，其实不适宜，因为这样无异于是把财神推落水缸变成了“见财化水”了。财位忌水，故此不宜在那里摆放用水培养的植物。

(3)财位忌空

财位背后宜有坚固的墙，因为象征有靠山可倚，保证无后顾之忧，这样才藏风聚气。反过来说，倘若财位背后空透(如背后是透明的玻璃窗)，这样非但难以积聚财富，而且还会泄气，所以往往会有破财之虞。

(4)财位忌冲

风水学最忌尖角冲射，财位附近不宜有尖角，以免影响财运。一般来说，尖角愈接近财位，它的冲射力量便愈大。所以在财位附近，应该尽量避免摆放尖角的家具杂物。其实，无

论是为了风水，或是为了顾客安全，都应该尽可能采用圆角家具。

(5)财位忌污

倘若厕所刚好位于财位内，那便十分可惜，因为这不但使财位不能招财进宝，反而会损耗家财。

此外，倘若财位堆放太多杂物，那亦绝非所宜。因为这亦会污损财位，令财运大打折扣。化解之法当然最好是把财位收拾干净。

(6)财位忌暗

财位宜亮不宜暗，因为财位明亮则生气勃勃，昏暗则暮气沉沉，所以财位倘若缺少阳光，那便应该多安装光管和电灯，借此来增加明度，这对旺财大有益处。

安装在财位的灯，一般来说，数目应以1、3、4或9为宜，而光管亦以这些数目为宜。

财位上还不可放置会发热的电器品，如电视、电扇、电炉、瓦斯炉、电源线等；财位上不可放人造花和干燥花；财位上方的天花板不可漏水，墙壁或地板油漆不可脱落或瓷砖斑驳。

风水小贴士

⊙相传月中有桂树，桂花又即木樨，桂枝可入药，功能为祛风邪、调和作用。宋之问词云："桂子月中落，天香云外飘。"桂花象征着高洁，秋季桂花芳香四溢，是天然的空气清新剂。

⊙灵芝性温味甘、益精气、强筋骨，有观赏作用，是长寿之种，自古被视为吉祥物。鹿口或鹤嘴衔灵芝祝寿，是吉祥图的常见题材。

三、财神招财法

在中国传统民间观念中，认为财神是掌管天下财富的神，倘若得到他的保佑，便可以财源广进，生意兴隆。中国人尤其做生意的，很多都喜爱供奉财神，最流行的便有“关帝武财神”与“地主阴财神”。不论是什么财神或是佛菩萨，只要在财气位内坐镇，商铺生意必会较以前大有改进。因此，很多人为求心安理得，往往会摆放财神的像在商铺里，希望求取好兆头，而有些人更是朝夕上香供奉。

中国人一直是崇拜多神的民族，信仰自由，所以各式各样的神像均有人信奉膜拜。即使在今日相当西化的香港、澳门仍然有很多人保存传统的习俗，在商铺中摆放神桌，朝夕虔诚上香。

依照习俗，摆放神桌有些宜忌需要注意：

⑴神桌应向大门：家中除了某些神像应该面向大门外，其余的则不需墨守成规，举例来说，"关帝"以及"地主财神"是应该向着大门，其他则不必如此。

"关帝"是武财神，龙眉凤眼，手执青龙偃月刀，不单威武非凡，而且正气凛然，故此一般商铺大多奉为镇店之神。若是正对大门便有看守门户的作用。

"地主财神"全名"五方五土龙神，前后地主财神"。在中国传统社会里，"地主财神"供奉在商铺内，与供奉在大门外的"门口土地"，一内一外，作为商铺的守护神。但现在很多大厦均不容许在公众走廊供奉"门口土地"，因此商铺内的"地主财神"便要身兼二职，必须面向大门来守护商铺了。

⑵观音的摆设：有很多人把观音与关帝放在一起来供奉，其实这并不妥当。因为观音是佛教的神，而关帝则嫉恶如仇，在血腥中建功立业。故此把两者摆放在一起供奉，显得格格不入。

上面曾经提到，关帝宜向大门，但观音不需如此。

观音最宜"从西向东"，此外，因为观音清净无暇以及戒晕腥，故此有三不向：一不向厕所；二不向房门；三不向饭桌。倘若能够遵守这三种避忌，则大致不成问题了。

请注意，观音吃素守斋，只宜用鲜花及水果供奉，因此倘若与其他神像放在一起，那么其他神像亦不可用三牲拜祭了。

⑶祖先不宜与大神平排：有些商铺把祖先的牌位照片摆放在神桌上，与观音、关帝、黄大仙等平排，放在一起供奉。其实这并不适宜，因为祖先只是家神，与这些天神自难相提并论，所以应该把祖先放在"天神"之下，那样较为适宜。

四、吉祥物品开运法

中国的习俗中，有很多吉祥物品都是旺财和助升职的，现将其中常用的一部分与各位分析如下。

1.古钱

有些人喜欢在商铺中摆放或悬挂古钱，以作旺财之用；又有些人喜欢佩戴古钱。古钱为万人所使用，可借用来旺自己的运程。选择当旺皇朝之铜线来佩戴，亦会增强自己的运程，所以最流行的便是“五帝古钱”，“五帝”者即“顺治”“康熙”“雍正”“乾隆”“嘉庆”，他们是清朝最兴旺的皇帝年号。

2.蟾蜍

此蟾蜍并非普通蟾蜍，它拥有三只脚，与其他四条腿的蟾蜍不同，它会吐钱，传说它本是妖精，后弃恶从善。商铺摆放蟾蜍，要头向铺内，不宜向铺门，否则所吐之钱皆吐于屋外，不能催旺财气；亦不宜头向窗，意义与向门同。

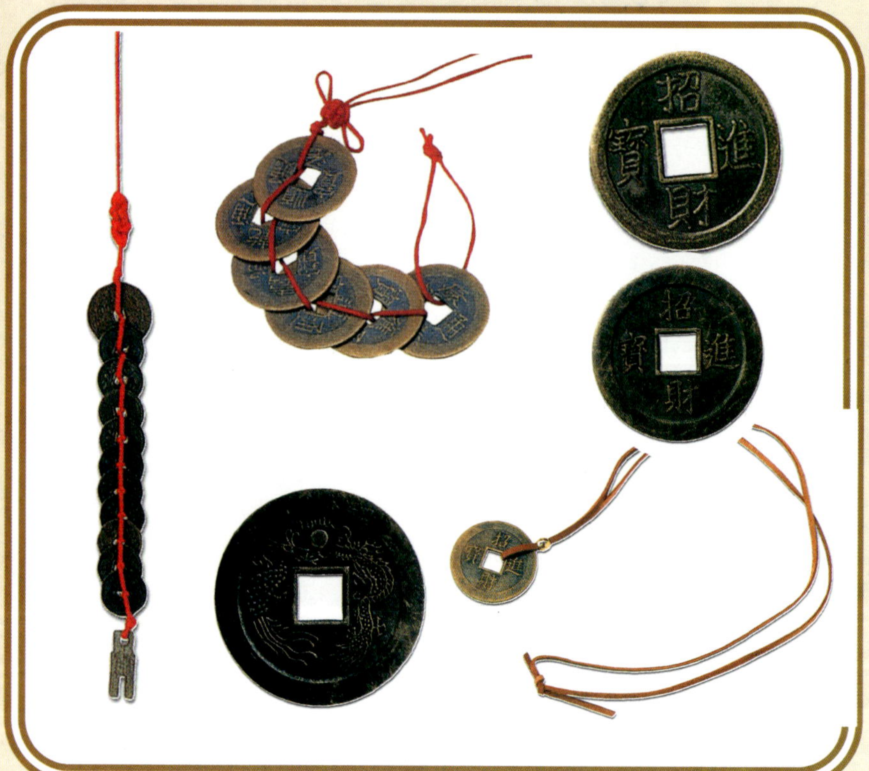

3. 玉璧

玉璧是一块圆形玉，中间钻有一个小孔，在旺财方面，它很少独立使用，多摆放在财神附近，以旺财运。可在关帝、赵公明、留海仙人、如意观音（手执如意）等神位左方（即拜神时祭者右方）摆放。

玉棕是一种方形立体的玉，中间钻出一圆形大孔，圆者像天，方者像地，它与玉璧一样，很少独立应用，一般摆放地主右方（前后地主财神的一方），可催财。

5. 貔貅

舞狮、舞龙也许大家都知道，但舞貔貅的习俗也许了解的人就不多了。"貔貅"音读"皮休"，是一独角兽，身长卷起，称为"天禄"，而两只角则称为"辟邪"，亦即貔貅。后来发展至凡独角兽都称为貔貅，所以大家所购买的貔貅多是独角的。

4. 麒麟

麒麟与龙神、凤神、龟神，在古时被称为四灵兽。麒麟用途非常广泛。摆放时麒麟头向外即可，其势甚劲，运用得当，商铺经营者财运必佳。麒麟以细巧为宜。

6.龙

龙在中华文化中占据着至高的地位，也是中华文化所特有的文化图腾。它集结着中华几千年文化精髓，具有吉祥、生旺、化煞等作用。摆放时要注意龙宜摆在北方，宜与水结合，朝向海、河的方向。

7.铜风铃

风铃声音悦耳，风铃的摆动可加强金气，激活和刺激气能，有助于化解不好的环境。

8.龙龟

龙龟也是一种瑞兽，主吉祥招财。龙龟放在财位可催财，放在三煞位或水气较重的地方最有效。龙龟在位能化解口舌争端兼加强人缘。有部分龙龟的背部是活动的，可以掀起放入茶叶及米粒，增强吉祥效果。

9.金元宝

金光灿灿的元宝很招人喜欢，生意人喜欢把元宝放在容易看得见的地方，抬头见喜，取生财招财的彩头。一般是一对元宝并用。可以将一对金元宝放在商铺最大的窗口或窗台上，左右角各放一只，象征着把窗外的财气吸纳进来，窗口越大财气越旺；也可以放在店门入屋斜角的角落，此处藏风聚气，亦是财位，放上一对金元宝能加强招财进宝之气。

10.八卦眼球玛瑙

玛瑙据说是距今2000～2500年的远古时代从天而降的"神仙石"，是由古代西藏传至世界各地的。眼球玛瑙有最强的防御力以及保护主人于各种危难中的作用。从古代开始，它就作为防御邪气和邪恶的神石，被人们所重视使用。

像睁大了眼睛一样的眼球玛瑙，象征"神、真理、睿智"，可以看通事物的本质现象。

八卦眼球玛瑙里面的"太极八卦"可以保护环境并使其安定，还可作为护身符佩戴，为防止车祸还可以挂在车内。

11.招财进宝树

招财进宝树是园艺中经常使用的宝木。正如其名字一样，它有招来财气带进宝物的寓意，有强力的生旺效果。另外，招财进宝树还有净化、安定气的作用，经常用于整理被搅乱的气。因为它有比较顽强的生命力，所以是很容易养植的观叶植物。种植时，在盆土上挖一个小坑，将树的球形根剥去皮，突起的端部向下放在坑上，不需要在根部盖土。种植的土质没有太严格的要求。

在树枝上挂写有"招财进宝""福""吉祥"等喜兴字的卡片，效果会更佳。用它作为公司开业、新店开张等的贺喜礼物最适合不过。

12.绘有对龙的大型丝制扇子

丝制的大型扇子上绘有一对威风凛凛的金色的对龙，商铺经营者可以借助龙的力量提升自己的运势。

13.凤凰圆盘

“凤凰圆盘”是用合成树脂做成的。它适合那些希望能活跃在商业舞台上的人以及女性商铺经营者使用。

14.琥珀吊坠

琥珀的颜色好像蜂蜜的金黄色，比重只有一般石头的三分之一左右，非常轻，有美丽光泽。有能够带来元气，使人健康长寿的功效。另外，琥珀还有令人精神稳定的作用，可以让头脑舒畅，还能提高注意力和集中力，从而让商铺经营者对市场动态有敏锐的判断。无论是在东洋还是西洋，琥珀用于消除近身而来的邪气的效力都非常有名，可以于各种灾难之中守护自身。将琥珀佩戴在身上，可以激发人身上的潜在能力，帮助人们更快地接近自己的努力目标。

15.五福圆盘

五福圆盘是由5只蝙蝠相连而成的设计，是中国古代有名的设计，被称为“五福临门”。它意味着人生中的5种福（也是所有的福）都聚集到自己的门口，这五福分别是“长寿”“富贵”“康宁”“好德”“善终”。

长寿：命很长且福寿相伴。

富贵：不会感到缺少钱财，地位高，受人尊敬。

康宁：身体健康，心神安宁稳定，心无所忧。

好德：常做善事，广积阴德。

善终：在生命终结时，心无牵挂，安心地离开人世。

另外，蝙蝠在招福的同时有较强的化煞效力。例如，当天花板上有横梁突出时，为了化解房梁上的压煞，可以在房梁上吊一两个蝙蝠吊坠饰物，此时可以不用五福圆盘。

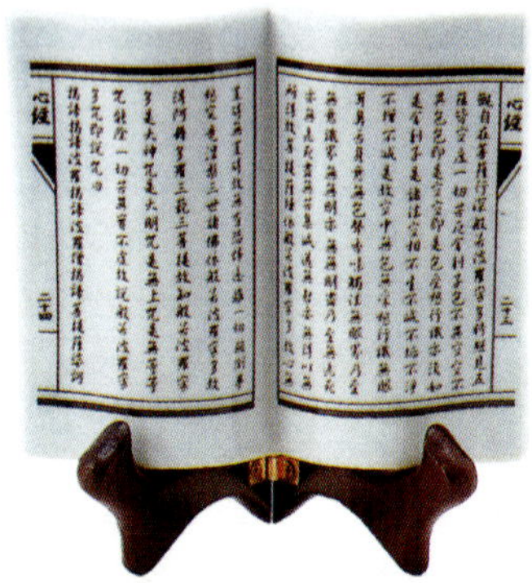

16.陶制古书

刻制了古书的陶板可以摆放在佛坛上，代替你向佛祖念颂心经。此物需用专门的台架来竖立摆放。古书有净化心经、安定气的作用。

如果摆放在会客间、董事长等高级管理者的办公桌上，可以安定精神状态，对商业运营有良好效果。

17.山海镇平面镜

镶在镜框中的山海镇平面图，集齐了所有开运元素，如八卦护符、太极、招财进宝、福禄寿、镇宅、明光、日月、财神、贵人等，所以它有调整风水、招财运、造出良好人气、调和环境、幸福人生、平衡阴阳等功效。将它装饰在大厅、起居室、店铺、办公室等地方就可提升运气。

18.春雷惊龙锅

春雷惊龙锅的锅身是由青铜制成，两扶手由黄铜制成。此锅能带来吉祥的能量，具有极大的开运、招福、吉祥效果。正因如此，传说它被中国历代皇帝们所使用并作为私藏的逸品。其别名为鱼盘。

19.狮头吊坠

"开运吉祥辟邪狮子头"，俗称"狮子吊坠"。在住宅、店铺和办公室等处用风水手法将周围环境调整后，把狮子吊坠吊在正门、鬼门（东北）和离鬼门（西南）三个地方，用以防止邪气进入，保持良好的风水环境。另外，无论工作场所还是家庭，凡是有气存在的地方均可吊挂小型的狮子吊坠，但一般每年要更换一次。

20.十二支八卦铜牌

"八卦"有使自己感觉厌恶的所有事物远离的作用，"十二支"则网罗了全部的方位和全部的时间。刻有八卦和十二支的铜牌就叫做"十二支八卦铜牌"。它可以镇定和化解不吉之气。任何人都可以轻易地在家庭、店铺、办公室等地使用。

五、风水取店名

店名是一个商铺的标志，也是一个商铺经营商品特点的反映。在风水里，店名又往往被看成是与商铺经营成败攸关的重要名称。

商家取店名，常见有两种方法，一是以文字搭配五行相生相克的原理命取，二是按用字笔划的阴阳进行选用。

1.按五行相生相克原理取店名

这种方法是将一些店名的常用字按五行分为五类，然后选择其中的字按相生相克的原则进行搭配，相生的为吉，相克的为凶，最后选用相生的两字为店名。

水	火	木	金	土
富	度	贵	商	营
凰	堂	关	生	宇
红	乐	广	司	安
福	金	宫	厦	无
壁	店	孔	厂	望

全表共25字，选择店名时，就从表中挑选五行相生的字进行组合。

风水认为五行相生的吉利店名用字的组合是:

水+木　　水滋养木生长

木+火　　木使火更旺盛

火+土　　火使土纯净

土+金　　土保护金

金+水　　金使水富贵

风水认为五行相克的不吉利店名用字的组合是:

水+火　　水使火熄灭

火+金　　火使金融化

金+木　　金使木穿透

木+土　　土使木覆盖

土+水　　水将土冲毁

按照风水的说法，商家一定要避免使用相克的字组合店名，以免给经商带来不利。

2.按用字笔画的阴阳取店名

此方法是选用一些字按笔画的单与双，附以阴阳属性，然后按阴生阳的定律选取商铺名的用字。具体做法是，笔画为单数的字为阴，笔画为双数的为阳。如果选用作为店名的字是一阴一阳，即一个字的笔画为单数，一个字的笔画为双数，而且这个字是按先单数后双数，即先阴后阳的顺序排名的店名，就是吉利的店名。属于吉利店的排列还有阴一阴一阳和阴一阳一阳等。反之，不吉利店名的排列是阴一阳和阳一阴一阳。

六、旺铺商号

商铺的字号，除了要突出商铺的特色配合商家阴阳命理之外，大多数店主还希望取一个能给买卖带来兴旺发达、吉祥如意的字号。

从购物者来说，旧时人们采购物品时，多向慕商铺字号的吉利性，往往舍近求远。因此，有的商铺就因字号的吉利字眼而声名远播，买卖兴隆起来。于是，一般商家都喜欢在商铺的字号上别出心裁，大做文章，总是希望招财进宝，一本万利，大发鸿财。

一般来说，民间商铺字号的用词用字，总在乾、盛、福、利、祥、丰、仁、泰、益、昌等吉利的字眼上打圈子。经营文物、古玩、书刊、典籍、文房用品、医药等业的商铺字号，多取带有典雅之意的字，其他行业的商铺则多选以吉利的字。

在我国商铺的字号中，除了带吉利意义的字号外，还有些以怪取胜的字号，如天津的“狗不理”、上海的“天晓得”；南京的一家著名膏药店，字号为“高黏除”。这些怪字号的商铺，当然也是为了招徕生意。

我国的商铺字号名目繁多，还有一些以地名或者老板姓名为标榜的字号。旧时，在一些中外通商口岸地区，如上海、广州、天津、南京还出现有一些带洋化、欧化和半殖民地气息的商铺和厂家字号。

当然，好的字号还需要好的经营管理手段，才能取得人们的承认和信赖，才能拥有广泛的社会信誉，使商铺得到发展。在我国的许多老字号中，如中药店“同仁堂”，帽店“盛锡福”，鞋店“内金升”“载人舟”烤鸭店“全聚德”，涮羊肉馆“东来顺”，画店“荣宝斋”，以及我国三大笔庄——北京的“李福寿”、上海的“胡开文”、沈阳的“胡魁章”都是以其优异的经营管理方式赢得了人们的世代传诵，字号不倒不败。

七、开业吉利日期

中国人关于吉祥文化的内容十分广泛，不仅对动物、植物、颜色、方向、房屋造型等，附会以吉祥的说法，而且，对数字也有种种吉祥的说法。

在风水中，数字被认为是含有特殊意义的。2、5、6、8、9、10是吉利的数字，"2"意味着容易，"5"意味着五行的谐调，"6"代表财富，"8"意味着致富，"9"是长寿之意，"10"指美满确定。因此，"289"其意义就是"容易长期致富"，或者"生意长期繁荣"。"4"在风水中是不吉祥的数字，特别是广东语，"4"字的发音听起来像"死"字，因此"4"意味着灭亡和死亡。如"744"就是一个不吉利的数字，意指"肯定死亡"或"生意不成"。

中国人喜欢数字中的偶数，认为这表示双双成对，避免孤独感。在奇数中，"3"听起来像广东话中的"活着"一词，但不认为是特别吉利。然而，也有些人偏偏喜欢用"3"，如数字"7373"中就有两个"3"，认为有"肯定生存"的意义。其间，大部分数字附以吉凶含义，多是来源于数字与汉字的拼音，将数字与汉字字音相通，就看成拥有汉字的字意。如常见的"8"被看成是汉字"发"，"9"被看成"久"，"6"，被看成"路"和"又"。这几个数字的组合，因与民间的发财观念相契合，而最受人们的欢迎。如"168"，汉语的谐音是"一路发"；"8888"，汉语的谐音是"发发发发"；"868"，汉语的谐音是"发又发"等。"868"，汉语的谐音也是"发又发"等。因此，在民间这几个数字的汽车牌、电话机号、门牌号，都被认为是吉利号码，能给人们带来吉祥好运。

人类社会和自然社会有其本身发展变化的规律，从来不会因为某种数字的关系而改变其进程。因而，人们之所以办事讲求吉利日期，只是一种信仰观念，是追求一种对求财欲望的慰藉。所以，对于经商者来说，不必对此加以追求，更不值得花数万元购得这种安慰，只有认认真真地把所经营的商务搞好，才能真正发财。当然，选择一个别具意义的日期为商铺开张，求个吉利，也未尝不可。

八、开业吉利时刻

对吉利时刻的选择，是人们对吉祥数字的又一种附会，认为选在某一吉利的时刻为落成的商场剪彩，或者为商铺的开张鸣炮，或者为大桥通车剪彩等，就能使生意兴隆，事业发达。

一般来说，人们将新商铺开张的时刻，大多选择在上午。因为在风水看来，上午空气新鲜，太阳从东方升起，对新店开张来说，是一个极好的兆头。

在上午的吉利时刻中，常被选中的数字是"8"和"9"，也就是借喻所经营的商铺能"发"和"久"。如有的商家把新开的商业大厦的鸣炮剪彩，定在上午的8时8分8秒这一时刻，借喻商业大厦从此以后能"发发发"。有的生意人把新商场开张启门的时刻，定在上午9时9分9秒，借喻商场从此时开门，就能生意长久，商场长盛不衰。也有的经商者将新商铺开张迎客的时刻，定在上午的11时8分正，借喻商铺此后"日日发财"。

人们对吉祥数字的追求，特别是商人对吉利日期和吉利时刻的追求，来自于商品经营市场的激烈竞争。虽然，商人不辞辛苦已有所成就，但仍感以后的商道上风云莫测，于是就想借助于信仰支撑，借助于"神灵"的保佑，以求得紧张心理的平衡，求得信心上的鼓舞。

Chlitina
专业美容护肤中心
Chlitina
专业美容护理店
Chlitina
克丽缇娜专业美容护肤中心
克麗緹娜
预约热线：64379567
J.S 杰克形象设计沙龙
JACK IMAGE DESIGNING SALON
J.S 杰克形象设计沙龙
JACK IMAGE DESIGNING SALON
Hair Salon
CHLITINA

第六章 商铺好风水案例解析

为什么同一地段、同样的行业、经营同一种产品，而不同的商铺生意好坏会有不同呢？一个商铺能否兴旺，能否顾客盈门，风水学认为取决于天时，地利，人和，换句话说，就是要有一个好的风水。拥有了好的商铺风水，加上勤奋努力，用心去经营，自然会取得事业上的成功。

本章节选取得部分商铺好风水实景案例，以供读者参考与借鉴。

|商铺好风水案例1|

顺德乐琳（香港）服装专卖店

摄　　影：周 末

建筑面积：120m²

装修材料：抛光砖、不锈钢、鹅卵石、玻璃等

专卖店运用简洁的设计，在色调上采用米色和栗色相搭配，照明上运用直射灯光和暗藏灯光相呼应。原大门入口较窄，采用斜入口的方式，使专卖店"气口"大开，有利于聚财旺铺，并在视觉上拓宽了空间感，增强了导向性。形象墙上的LOGO镂空字体处理方式，使销售区和休息区、更衣区有机地融为一体，增强了空间的流动感和趣味性；营造出沉静、高雅的空间氛围和舒适的购物环境，突出所销售服装品质的卓尔不凡，起到了引导消费的作用。

LURIEEN

LURIEEN

LURIEEN
LURIEEN

[商铺好风水案例 2]

卡尔玛珠宝店

设计单位：徐洪

施工单位：卡尔玛珠宝有限公司

建筑面积：45m²

装修材料：涂料、玻璃、地砖等

这项工程旨在达到珠宝销售、展示、洽谈和传播珠宝文化的目的，展现卡尔玛品牌时尚优雅的风格。设计师合理地使用现代装饰材料，使整个专卖店在满足功能的前提下，显得干净、明快，良好的空间布局，通风、聚气，更有着突出的个性。

LETTRE DE POUVOIR
DE L'EXCLUSIVITÉ DE MARQUE
AUTHORIZATION ON TRADE MARK USE

ASURE HUNT MAP
TREASURE HUNT MAP
Calma

[商铺好风水案例3]

热风专卖店

设 计 师：胡佳仲

摄　　影：喻楚迪

装修材料：马赛克、胶合板、镜子、橡木等

本案是一小型专卖店，最有特色的是设计的外观处理，设计师并没有花过多的笔墨，仅仅将几个几何图形不规则地穿插在一起，墙面则采用类似于混凝土的胶合板加以修饰，极具个性，又不过于奢华，在吸引众人目光的同时，起到引导生气、传递商业信息的作用。入口处简洁地设置了一块玻璃展台，每一个专卖店的展台都是体现该店特色的T形展台。本案的设计重点并不在此，门内两排整齐的鞋样展示柜和大厅内一弧形展示台才是本案的设计重点。

HOT WIND

68

[商铺好风水案例4]

上海春风阁服装店

摄　　影：陈　思

装修材料：铁、地砖、玻璃、涂料

这是一个静态的艺术空间，传统的中国服饰在这里得到了充分的展示。这里虽然面积不大，却用色彩把空间、装饰、产品和灯光串联了起来，用现代和传统结合的手法把古典优雅的造型尽情展现。几何图形、色差、质感的对比，空间的呼应，给整个店带来一种新的感觉。柔和的材料，也体现了东方的神秘和绚丽。

閣

春風閣

春風閣

[商铺好风水案例5]

新侨糕点店

摄　　影：吕保和

建筑面积：约280m²

装修材料：艺术玻璃、鹅卵石、不锈钢等

甜点对于女孩来说是一种抵抗不了的诱惑，也就因为这一大群顾客，现在市面上的糕点店更是数不胜数。新侨糕点店不仅糕点一流，店堂的风格设计及风水布局更是独树一帜。

店面外墙采用落地式玻璃，透过玻璃墙，店内一件件美如艺术品的小糕点，绝对让你迈不动前进的步子。既然如此，不妨让我们一起走进这个甚为传奇的特色糕点店吧！

相对其他糕点店的狭小，新侨糕点店显得开阔而明亮，足以让人眼前一亮，顺应了商铺"门宜宽敞"所要达到的效果。首先，店堂中央一个偌大的圆形陈列台，在深远、幽暗的天顶衬托下，宛如宇宙星空下的一颗璀璨星球，耀眼的光芒强烈地冲击着人的视觉，上下呼应的设计，加强了这种气势带给人的震撼力，同时也延伸、扩展了风水所谓的"气口"，使之能广纳财气。圆形的玻璃地台下铺设有鹅卵石，从里面打上淡蓝色的灯光，整个地台即刻跳突出来，这跟店内大量采用玻璃制品是分不开的。

圆形造型的元素在入口处即已体现，圆形鹅卵石铺成的地面与圆形的白色天花板相辅相成，不锈钢柱嵌饰的艺术玻璃屏风镶饰在两圆之间，屏风上挂着双猴贺年的"福"联，代表了喜庆与新的希望。于屏风下设置有小型玻璃端景台，艳丽的雏菊、明黄的色彩能聚财生气，也为心情添加了一份愉悦。

Relax

福
賀
年

|商铺好风水案例6|

Baccaiat 水晶店

摄　　影：周　末

建筑面积：60㎡

装修材料：玻璃、地砖等

清澈、透明，这是一个属于水晶的世界。店铺前有一下行电梯，财从电梯下行，恰好止于店门所向之处，主旺财。整个店面的设计整洁、明亮，透过透明的玻璃可以看到室内绚烂的世界：柜台采用了天然木材，与木地板浑然一体；暖暖的背景衬托出一颗颗晶莹璀璨的水晶，淡黄中闪着星星点点的白色光芒，宁静而带着些神秘气息；绕着漆得澄亮的红色大圆柱而设置的陈列台，充分展示各款Baccaiat首饰的特色。走过此处，行人忍不住驻足凝神，人流带来的生气又被水晶引入店内，财运因之更佳。精巧的灯饰映着鲜明的品牌标志，让人在欣赏精美的水晶的时亦不忘品牌的魅力，带给人纯粹的美的享受。此外，风水学中黄水晶能招意外财，绿水晶可创造事业财富，水晶店里的这些水晶足以为商铺带来更好的财运。

再看线条简洁明朗的分格柜里，各式各样不同造型的首饰，项链、手链、戒指，高雅中逼人的时尚气息扑面而来。靠墙一角，闪亮夺目的水晶盛在精致的玻璃盒内，更能凸显出每颗水晶最高的明度和最闪烁的光彩。

[商铺好风水案例7]

Hoso Place 专卖店

摄　　影：周　末

建筑面积：600m²

装修材料：抛光砖、马赛克、玻璃等

来到了HOSO，你也就找到了时尚前沿。HOSO是一间以欧洲风格为主基调的年轻一族的服饰专卖店。

店内，穿着各种服装的时尚男女模特，摆着各种Pose，似乎在表达一种新概念与个性主张；大厅中央直通天顶的鲜艳的红色圆柱型货架，作均匀分隔——红色即赤色，象征幸福、喜乐，对年轻顾客有着莫名的吸引力，客来则生气旺，生气旺财财运足，风水的妙用由此体现。上下断面均嵌以通透的玻璃，辉映出五颜六色的饰物、背包和衣物的光彩，旁边配着造型时尚的休闲椅，店中气韵因此而灵动非凡。同时，店内木制镂空的陈列墙，极具创造力和表现力，在创意中自然流露出欧式风采。明亮却不热烈的灯光也为整个店面营造了一种良好的氛围，突出了店内的陈设。走在其间，让人感觉兴致勃勃且乐而忘返。

钢管密布的天顶，缀满装饰用的筒灯；凹凸不平的结构造型，使天花板显得极为深邃而意境悠远，也体现出一种原始的质朴美，吻合店内朦胧的休闲购物氛围。

HOSO
place
诚聘
HOSO
place

缤纷夏日
200
50

HOSO
place

[商铺好风水案例8]

Fornarina服饰专卖店

摄　　影：陈　思

建筑面积：100m²

装修材料：乳胶漆、玻璃、塑料、地砖等

这是Fornarina服饰专卖店在来福士广场开的一家新店，室内装饰同样沿袭其一贯休闲、舒适、精雅、青春的风格。进入店中，感觉整体规划十分到位，细节处理精致完美，色彩温雅清逸，让您在欣赏美丽服饰的同时，还可以享受到体贴、人性化的设计。特别是试衣间的设计，给人宾至如归的感觉，加上服务小姐甜美的笑容，一定会让顾客倍感温馨。

本案设计装修中运用了色彩迥异的灯光来照射商品，风水学认为灯能发光，发热，五行属"火"，因此用灯光来催旺风水，起到预期的旺财效果，而科学的合理的使用灯光装饰则能给商铺增添生气和温暖。

满￥500
送裤袜一款
满￥1000
送内衣系列任一款
购鞋加任意商品一件
再送袜子

|商铺好风水案例9|

上海悦新珠宝店

摄　　影：周　末

建筑面积：120m²

装修材料：原木、地砖等

由台湾设计大师周荣光设计的悦新珠宝，神韵、生动、茎蔓纤细且寓意吉祥。本店在展示空间的设计上也充分融入了珠宝文化设计元素，承袭中国古代文化艺术之精华，结合人文艺术和现代创意美学，塑造出永垂不朽的珠宝文化展示空间。整体设计美观大方，空间利用合理，特别楼梯的设计可谓画龙点睛，也有着步步高升之意。

VINCIN
悦新珠宝
VINCIN

[商铺好风水案例10]

Cochirly专卖店维多利广场店

摄　　影：陈　思

建筑面积：86m²

装修材料：抛光砖、木材、玻璃等

本案简洁明快，以大红为主，鲜红的门面、鲜红的墙壁，给人一种热烈奔放之感。白色的标记镶嵌在大红的面板上，鲜艳夺目。天花和地板是一种舒雅的米白色，和大红的墙面形成适中的搭配。无论怎样款式的服装，置于这样的环境中，都会立刻显得高雅大方起来。

也许一抹红，不足以张扬你的个性，不能够将你雀跃的心情表达，但当一片似火的红色将你包围时，你是选择融化还是选择在这份似火的热情里继续雀跃？或许，此时你已经陷入了这片红色的氤氲里，把自己弄丢了，抵挡不住来自四方的红色诱惑，迷失了回家的路，唯有在里面寻找，寻找……

在这里，我们看到的不仅是时尚的服饰，还可以看到许多来自服装背后的创新与设计，墙壁上各种工艺制作效果，如抽象女郎印染、圆柱造型、艺术灯光等都被充分运用在空间当中，通过一些细节对比方式表现大胆的时尚理念，同时在颜色处理方面更为绚丽多彩、亮丽醒目，使效果更为丰富和饱满。

ochirly
ochirly

ochirly

[商铺好风水案例11]

Uiwang分部

设　　计：EX-Communication Co.,Ltd

建　　筑：EX-Communication Co.,Ltd

装修材料：地板/抛面砖、大理石

墙面/彩色背玻璃、黑色镜子、涂料

天花板/V.P涂料

直线和空旷给人以整洁的印象。玻璃、不锈钢和大理石散发出来的冷冷的光泽，经白色器具和地板砖的衬托，带来了一丝宜人的温暖感觉。空间摆设非常简单，但是每一个角落都有新奇的小玩意，简单而不枯燥。这里的内秀和留白，透出一种简约主义气息。每一位宾客，作为设计的元素，为这黑与白构筑成的世界带来了几许精彩。此刻，发型屋变成了休憩的场所，人们在这里获得新的活力，发型屋因此显得出类拔萃。整体摆设的用具和座椅使店内气流相对比较活跃，达到阴阳平衡，空气流通，从而形成了一个良好的商业空间。

[商铺好风水案例12]

上海花嫁服装店

摄　　影：周　末

建筑面积：60m²

装修材料：胡桃木、涂料、地砖

上海花嫁服装店到处洋溢着民族风情和东方的文化意韵，里面陈列的是旗袍等有民族风味的服装，价格不菲，但是品位超群。这里的装饰也都配合商品的特征，非常有特色且富有艺术性。装修主要使用的是木质品，虽然店面很小，但是精致宜人。

[商铺好风水案例13]

Tomstory时装店 Suwon Inkye分店

设　计：Mono Space Plan Co., Ltd.

施　工：Mono Space Plan Co., Ltd.

建筑面积：21.7m²

装修材料：地面/装饰瓷砖

墙面/樱桃木纹板材、V.P涂料、上等细纹

天花板/V.P涂料

摄　影：Lee, Joong hoon

本项目的主题是在大型商场中展示SPA风格的家庭品牌产品。给人以家庭般的舒适感觉。高低错落的商品陈设给顾客以精致的价值感。

现今年轻女性追求的是一种高舒服度的、时尚前沿的生活方式，本案的基本分区方案便是根据这种需求来安排的。

TOMSTORY
Kids
9,900

Summer
시원한 여름!
시원한 가격!
TOMSTORY
TOMSTORY
family first

Ladies
one-piece
sweater
blouse

[商铺好风水案例14]

Migo面包店

设　　计：Design D.O.T

建　　筑：Design D.O.T

装修材料：地板／抛光转、木板

墙壁／木板、涂料、图画

天花板／V.P

Migo面包店的露天设计舒适、温馨，一定让路人垂涎三尺，而步入店中。面包店的摆设就像家中的厨房，柱子周围摆放的器具不经意地流露了一个开阔的视野。隔障和图画的设置用于阻隔烤面包的机器发出的冷气，并使这个地方看起来更为宽敞温暖。顾客可以目睹烤面包的整个过程，闻到最新鲜的香味。设计师规划了一些露天空间并使用芥末的颜色，就像发酵模的颜色，作为墙壁的主色。墙面颜色的明亮会给人带来光洁舒适的感觉，风水学认为，明亮就是生气。我们以现代城市的思想，融合不锈钢、壁画、花纹木质家具、古典灯饰和最高质量的材料，传达面包的美味感觉和Migo面包店的与众不同。

MiGO
MiGO

MiGO
Fancy MiGO Style Cake
MiGO

风水小贴士

T字型和Y字型路口处经商，均要保持店内外的干净清洁，特别是经营要求讲究卫生清洁的饮食、水果、百货类的生意尤为重要，如果是让风尘玷污了食品、水果和衣物，就有可能是因为商品不净而无人问津，或者是因为卫生问题被吊销经营执照，或者是因食物和衣物的不净与顾客引起争执等等，都有可能导致所经营生意走下坡路。

[商铺好风水案例15]

自然元素淑女屋

摄　　影：陈　思

装修材料：地板、布艺、玻璃等

本案设计自然、纯真，走进店内，令人油然而生一种平静、安谧的心态。整个布局合理，简约、时尚的风情尽情展现。店内整体装饰运用了现代流行装饰手法中的简约风格，从线条的变幻、色彩的搭配上演绎了一个个性空间，并合理有效地利用了整体结构优势，在视觉上给人以层次感。色调上，本案以米黄、纯白为基本色调，朴素、淡雅，使人拥有轻松随意的心态。店内随处可见的鲜花，或细细一枝，或盈盈一束，随时可以让人感受花香气息，优雅、尊贵的风格由此展现。

出口
EXIT

环境艺术系列（共4册）

顾　　问：邓文通
责任编辑：赵乐宁
封面设计：朱小良
责任监制：刘青海
出版发行：陕西旅游出版社
（西安长安路32号　　邮编：710061）
经　　销：各地新华书店
印　　刷：深圳市极雅致印刷有限公司（0755）82055846
开　　本：787mm×1092mm　　1/12
印　　张：64
字　　数：380千字
版　　次：2005年5月第1版　　2005年5月第1次印刷
书　　号：ISBN 7-5418-2207-8/J.502
定　　价：352.00元（共4册）

印刷装订如有质量问题请直接与印刷单位联系调换
购书电话：（0755）83476130
Http：//www.ch-jinban.com